图 5-5 样本点颜色对照

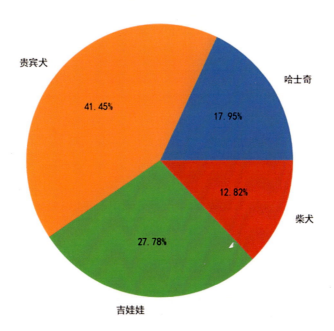

图 5-13 宠物狗占比图 1

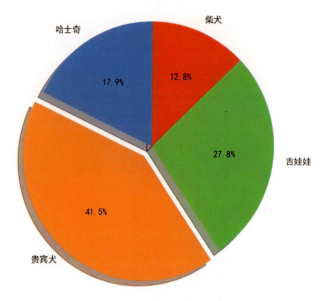

图 5-14　宠物狗占比图 2

图 5-19　sns.hls_palette 绘制颜色结果

图 5-20　sns.color_palette 绘制颜色结果

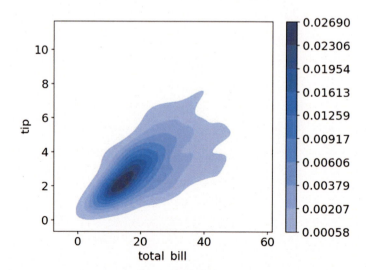

图 5-26　二维核密度估计图

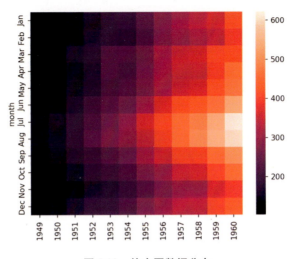

图 5-28　热力图数据分布

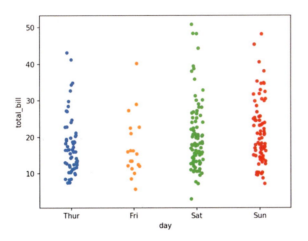

图 5-29　stripplot 绘制总账分类散点图

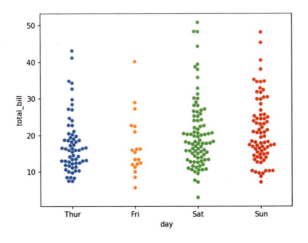

图 5-30　swarmplot 绘制总账分簇散点图

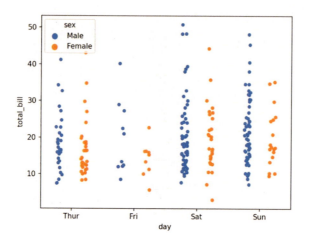

图 5-31　设置 dodge 参数的运行结果

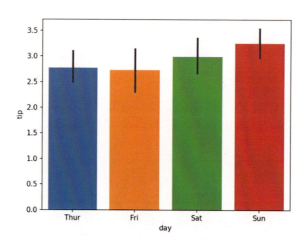

图 5-41　不同性别的平均小费

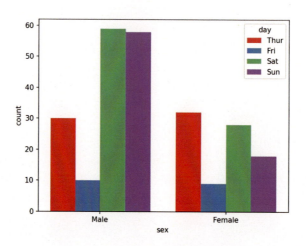

图 5-47　通过 hue 参数进行分组统计

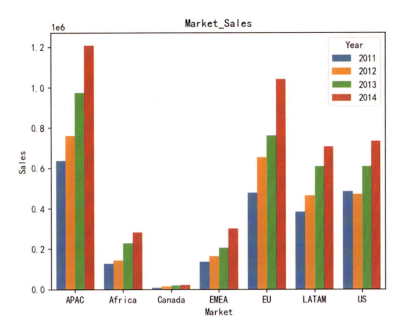

图 5-60　不同地区每年的销售情况

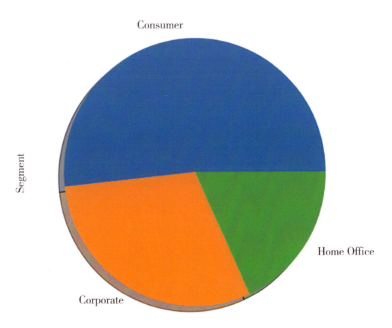

图 5-61　不同类型的客户占比

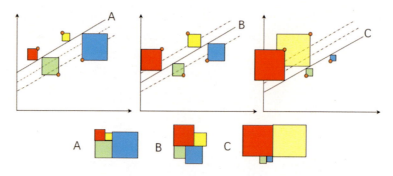

图 6-27　3 条直线的 MSE

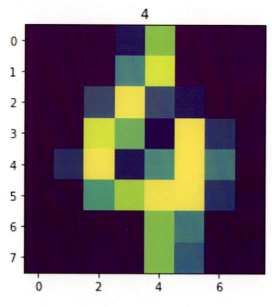

图 6-28　第 100 张图像

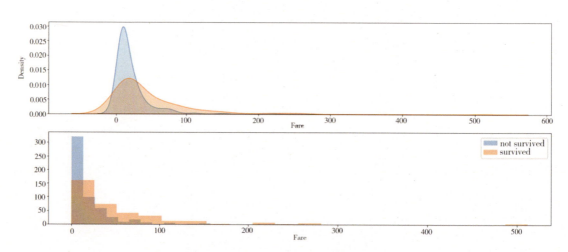

图 7-20　Fare 与 Survived 的对应关系

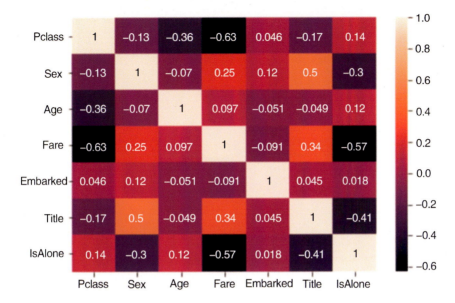

图 7-26　热力图

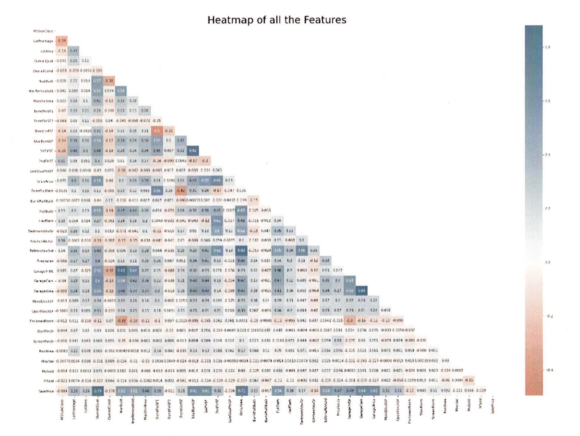

图 7-34　所有数字特征的热力图

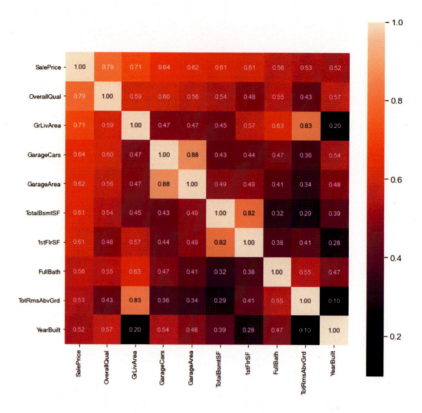

图 7-36　相关性最高的特征的热力图

```
[ 7  6  8  5  9  4 10  3  1  2]
(-0.5, 9.5, 0.0, 800000.0)
```

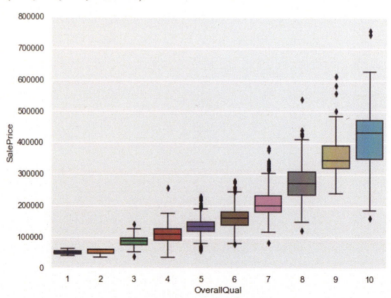

图 7-38　SalePrice 和 OverallQual 的关系

职业教育人工智能技术应用专业系列教材

智能数据分析与应用

组　编　国基北盛（南京）科技发展有限公司
主　编　李　莉　张卫婷　张传勇
副主编　刘洪海　伍　丹　国海涛　余云峰
参　编　王春莲　蔡江云　董　蕾　王　妍　曹建春
　　　　张峰连　韩凤文　李永亮　王秀芳　张　震

机械工业出版社

本书采用案例式编写模式，包括7个单元，其中，单元1介绍数据分析的基本概念、流程和常用工具包，单元2介绍数据标注的分类、基本流程及工具的使用，单元3介绍ndarray数组及Python科学计算库NumPy，单元4介绍数据分析处理库pandas，单元5介绍数据可视化工具包Matplotlib和seaborn，单元6介绍分类和回归模型及评价指标，单元7通过两个综合案例讲解数据分析的具体处理过程。

本书可作为各类职业院校人工智能技术应用及相关专业的教材，也可作为人工智能爱好者的自学参考用书。

本书配有电子课件、源代码和数据集，选用本书作为授课教材的教师可登录机械工业出版社教育服务网（www.cmpedu.com）注册后免费下载，或联系编辑（010-88379807）咨询。

图书在版编目(CIP)数据

智能数据分析与应用／国基北盛（南京）科技发展有限公司组编；李莉，张卫婷，张传勇主编．—北京：机械工业出版社，2023.6（2025.6重印）
职业教育人工智能技术应用专业系列教材
ISBN 978-7-111-73171-9

Ⅰ.①智… Ⅱ.①国… ②李… ③张… ④张… Ⅲ.①数据处理–高等职业教育–教材 Ⅳ.①TP274

中国国家版本馆CIP数据核字（2023）第084013号

机械工业出版社（北京市百万庄大街22号 邮政编码100037）
策划编辑：李绍坤 责任编辑：李绍坤 张星瑶
责任校对：张亚楠 陈立辉 封面设计：马精明
责任印制：常天培
河北虎彩印刷有限公司印刷
2025年6月第1版第2次印刷
184mm×260mm·16.5印张·4插页·347千字
标准书号：ISBN 978-7-111-73171-9
定价：54.00元

电话服务	网络服务	
客服电话：010-88361066	机 工 官 网：	www.cmpbook.com
010-88379833	机 工 官 博：	weibo.com/cmp1952
010-68326294	金 书 网：	www.golden-book.com
封底无防伪标均为盗版	机工教育服务网：	www.cmpedu.com

前 言

当前,数据分析被越来越多的个人和企业所重视。数据分析是数学和计算机科学结合的产物,可以将隐藏在数据中的信息集中并提炼出来,从而找出被研究对象的内在规律。在实际应用中,可以帮助人们做出判断,以便采取适当的行动。

本书是使用 Python 进行数据分析的入门教材,在内容选材上尽量涵盖数据分析基础知识的各方面内容,从初学者的角度深入浅出地介绍了数据分析的基本概念、流程和常用工具包的使用,通过生动的示例、简洁的理论讲解和典型的应用案例,帮助学生快速理解并掌握数据分析知识体系。

本书为 2021 年度陕西高等职业教育教学改革研究重点攻关项目《产教融合背景下高职院校产业学院建设运行机制的研究与实践》(项目编号:21GG009)研究成果之一。

本书围绕智能数据分析所需要的基础知识和基本技能,对数据分析涉及的概念、常用工具和典型案例做了介绍。其中,单元 1 介绍数据分析的基本概念、流程和常用工具包,单元 2 介绍数据标注的分类及工具的使用,单元 3 介绍 ndarray 数组及 Python 科学计算库 NumPy,单元 4 介绍数据分析处理库 pandas,单元 5 介绍数据可视化工具包 Matplotlib 和 seaborn 的使用,单元 6 介绍分类和回归模型评价指标,单元 7 通过两个综合案例讲解数据分析的具体处理过程。

为深入学习领会党的二十大精神,全面落实立德树人根本任务,本书深入挖掘数据分析中的德育元素和职业素养,探索大数据时代人才培养的内容和方法。比如在数据统计案例中,引导学生在法律允许的范围内正确运用技术手段,保护数据安全、网络安全。

本书内容适合 64 学时,教学建议如下:

单元	名称	建议学时
单元 1	了解数据分析	4
单元 2	数据标注	8
单元 3	数据统计	10
单元 4	数据处理	12
单元 5	数据可视化	10
单元 6	数据建模	10
单元 7	数据分析综合案例	10

本书由国基北盛（南京）科技发展有限公司组编，由李莉、张卫婷、张传勇任主编，刘洪海、伍丹、国海涛、余云峰任副主编，参与编写的还有王春莲、蔡江云、董蕾、王妍、曹建春、张峰连、韩凤文、李永亮、王秀芳、张震。其中，李莉、张卫婷负责编写单元1，张传勇、刘洪海负责编写单元2，伍丹、国海涛、余云峰负责编写单元3，王春莲、曹建春、董蕾负责编写单元4，王妍、蔡江云、张峰连负责编写单元5，韩凤文、王秀芳、李永亮、张震负责编写单元6和单元7。

由于编者水平有限，书中难免存在疏漏和不足之处，恳请读者批评指正。

编　者

目　　录

前言

单元1　了解数据分析 ⋯⋯⋯⋯⋯⋯⋯⋯⋯⋯⋯⋯⋯⋯⋯⋯⋯⋯⋯⋯⋯⋯⋯⋯⋯⋯⋯⋯ 1
　1.1　数据分析简介 ⋯⋯⋯⋯⋯⋯⋯⋯⋯⋯⋯⋯⋯⋯⋯⋯⋯⋯⋯⋯⋯⋯⋯⋯⋯⋯⋯ 2
　1.2　数据分析的应用案例 ⋯⋯⋯⋯⋯⋯⋯⋯⋯⋯⋯⋯⋯⋯⋯⋯⋯⋯⋯⋯⋯⋯⋯⋯ 3
　1.3　数据分析步骤 ⋯⋯⋯⋯⋯⋯⋯⋯⋯⋯⋯⋯⋯⋯⋯⋯⋯⋯⋯⋯⋯⋯⋯⋯⋯⋯⋯ 4
　单元总结 ⋯⋯⋯⋯⋯⋯⋯⋯⋯⋯⋯⋯⋯⋯⋯⋯⋯⋯⋯⋯⋯⋯⋯⋯⋯⋯⋯⋯⋯⋯⋯ 6

单元2　数据标注 ⋯⋯⋯⋯⋯⋯⋯⋯⋯⋯⋯⋯⋯⋯⋯⋯⋯⋯⋯⋯⋯⋯⋯⋯⋯⋯⋯⋯⋯⋯ 8
　2.1　数据标注的概念 ⋯⋯⋯⋯⋯⋯⋯⋯⋯⋯⋯⋯⋯⋯⋯⋯⋯⋯⋯⋯⋯⋯⋯⋯⋯⋯ 9
　2.2　数据标注的分类 ⋯⋯⋯⋯⋯⋯⋯⋯⋯⋯⋯⋯⋯⋯⋯⋯⋯⋯⋯⋯⋯⋯⋯⋯⋯ 10
　2.3　数据标注的基本流程 ⋯⋯⋯⋯⋯⋯⋯⋯⋯⋯⋯⋯⋯⋯⋯⋯⋯⋯⋯⋯⋯⋯⋯ 11
　2.4　常用数据标注工具 ⋯⋯⋯⋯⋯⋯⋯⋯⋯⋯⋯⋯⋯⋯⋯⋯⋯⋯⋯⋯⋯⋯⋯⋯ 12
　2.5　案例实施：数据标注 ⋯⋯⋯⋯⋯⋯⋯⋯⋯⋯⋯⋯⋯⋯⋯⋯⋯⋯⋯⋯⋯⋯⋯ 14
　单元总结 ⋯⋯⋯⋯⋯⋯⋯⋯⋯⋯⋯⋯⋯⋯⋯⋯⋯⋯⋯⋯⋯⋯⋯⋯⋯⋯⋯⋯⋯⋯ 40
　评价考核 ⋯⋯⋯⋯⋯⋯⋯⋯⋯⋯⋯⋯⋯⋯⋯⋯⋯⋯⋯⋯⋯⋯⋯⋯⋯⋯⋯⋯⋯⋯ 41
　习题 ⋯⋯⋯⋯⋯⋯⋯⋯⋯⋯⋯⋯⋯⋯⋯⋯⋯⋯⋯⋯⋯⋯⋯⋯⋯⋯⋯⋯⋯⋯⋯⋯ 41

单元3　数据统计 ⋯⋯⋯⋯⋯⋯⋯⋯⋯⋯⋯⋯⋯⋯⋯⋯⋯⋯⋯⋯⋯⋯⋯⋯⋯⋯⋯⋯⋯ 42
　3.1　ndarray 数组 ⋯⋯⋯⋯⋯⋯⋯⋯⋯⋯⋯⋯⋯⋯⋯⋯⋯⋯⋯⋯⋯⋯⋯⋯⋯⋯⋯ 43
　3.2　NumPy 切片与索引 ⋯⋯⋯⋯⋯⋯⋯⋯⋯⋯⋯⋯⋯⋯⋯⋯⋯⋯⋯⋯⋯⋯⋯⋯ 49
　3.3　对 ndarray 进行数学运算 ⋯⋯⋯⋯⋯⋯⋯⋯⋯⋯⋯⋯⋯⋯⋯⋯⋯⋯⋯⋯⋯ 51
　3.4　案例实施：基于 NumPy 的股票统计分析 ⋯⋯⋯⋯⋯⋯⋯⋯⋯⋯⋯⋯⋯⋯ 59
　单元总结 ⋯⋯⋯⋯⋯⋯⋯⋯⋯⋯⋯⋯⋯⋯⋯⋯⋯⋯⋯⋯⋯⋯⋯⋯⋯⋯⋯⋯⋯⋯ 62
　评价考核 ⋯⋯⋯⋯⋯⋯⋯⋯⋯⋯⋯⋯⋯⋯⋯⋯⋯⋯⋯⋯⋯⋯⋯⋯⋯⋯⋯⋯⋯⋯ 63
　习题 ⋯⋯⋯⋯⋯⋯⋯⋯⋯⋯⋯⋯⋯⋯⋯⋯⋯⋯⋯⋯⋯⋯⋯⋯⋯⋯⋯⋯⋯⋯⋯⋯ 63

单元4　数据处理 ⋯⋯⋯⋯⋯⋯⋯⋯⋯⋯⋯⋯⋯⋯⋯⋯⋯⋯⋯⋯⋯⋯⋯⋯⋯⋯⋯⋯⋯ 64
　4.1　pandas 数据结构 ⋯⋯⋯⋯⋯⋯⋯⋯⋯⋯⋯⋯⋯⋯⋯⋯⋯⋯⋯⋯⋯⋯⋯⋯⋯ 66

4.2 运用 pandas 进行数据处理 …… 74
4.3 运用 pandas 进行数据统计 …… 81
4.4 案例实施：药品销售数据分析 …… 93
单元总结 …… 106
评价考核 …… 107
习题 …… 107

单元 5 数据可视化 …… 109

5.1 Matplotlib 的两种绘图接口 …… 111
5.2 Matplotlib 面向多种图形的接口 …… 118
5.3 seaborn 库 …… 138
5.4 案例实施：超市数据分析 …… 169
单元总结 …… 177
评价考核 …… 178
习题 …… 178

单元 6 数据建模 …… 180

6.1 scikit – learn 介绍 …… 182
6.2 KNN 算法 …… 184
6.3 决策树分类算法 …… 185
6.4 支持向量机 …… 189
6.5 度量分类模型的性能 …… 192
6.6 度量回归模型的性能 …… 206
6.7 案例实施：手写数字识别 …… 212
单元总结 …… 215
评价考核 …… 216
习题 …… 217

单元 7 数据分析综合案例 …… 218

案例 1：泰坦尼克号幸存者预测 …… 219
案例 2：房价预测 …… 240
单元总结 …… 257

参考文献 …… 258

Unit 1

单元1
了解数据分析

单元概述

随着互联网的迅速发展，大数据技术应运而生，越来越多的数据被不断地挖掘出来，形成了"数据为王"的时代。比如在日常生活中，购物习惯、个人喜好等都会组成数据，对个人购物习惯的分析会帮助购物平台更精准地推荐商品，这只是数据分析应用的冰山一角，它还可以应用到金融领域、交通领域、畜牧业等。随着数据规模越来越庞大，单靠人力重复的脑力劳动已经无法跟上行业的发展态势，人类的智慧应该更多应用于决断与选择层次，而让数据分析成为人类的一种辅助工具。

学习目标

单元目标	
知识目标	了解数据分析相关的基本概念 掌握数据分析的基本步骤
能力目标	具备将实际问题转化为数据分析问题的能力
素质目标	培养严谨认真的学习态度 提升对数据分析的预判能力，培养责任意识，提升职业素养
学习重难点	
重点	能够掌握数据分析的定义
难点	了解特征工程中的3种特征选择方法

1.1　数据分析简介

数据分析是指用适当的统计、分析方法对收集来的大量数据进行分析，将它们加以汇总、理解并消化，以求最大化地开发数据的功能、发挥数据的作用。数据分析是为了提取有用信息和形成结论而对数据加以详细研究和概括总结的过程。

数据也称为观测值，是实验、测量、观察、调查等的结果。数据分析中所处理的数据分为定性数据和定量数据。只能归入某一类而不能用数值进行测度的数据称为定性数据。

定性数据中表现为类别但不区分顺序的是定类数据，如性别、品牌等；定性数据中表现为类别但区分顺序的是定序数据，如学历、商品的质量等级等。

从上面的介绍可以看出，数据分析并不是一个新兴的概念，只是伴随着时代的发展，或者更准确地讲是互联网浪潮的发展，逐渐演化成了一个行业，行业的从业人员称为"数据分析师"，从业者的主要职责就是不断从杂乱无章的数据中挖掘出存在价值的有效信息，再通过研究找出数据的内在规律，这些信息的最终目的是辅助人们做出决策。管理科学上有一个专业名词——"不断寻找最优解"，这就是数据分析的过程。

在实际应用中，数据分析可帮助人们做出判断，以便采取适当行动。数据分析是有组织、有目的地收集数据、分析数据，使之成为信息的过程。例如，设计人员在开始一个新的设计之前，要通过广泛的设计调查，分析所得数据以判定设计方向。因此数据分析在工业设计中具有极其重要的地位。

1.2 数据分析的应用案例

1. 啤酒与尿布的故事

"啤酒与尿布"的故事产生于20世纪90年代的美国某超市中，如图1-1所示。超市管理人员分析销售数据时发现了一个令人难以理解的现象：在某些特定的情况下，"啤酒"与"尿布"两件看上去毫无关系的商品会经常出现在同一个购物篮中，这种独特的销售现象引起了管理人员的注意，经过后续调查发现，这种现象出现在年轻的父亲身上，他们在购买尿布的同时，往往会顺便买啤酒犒劳自己。

图1-1 啤酒与尿布

超市管理人员发现了这一独特的现象，开始尝试将啤酒与尿布摆放在相同的区域，从而提高这两件商品的销售收入,这就是"啤酒与尿布"故事的由来。在这个案例中可以发现,通过研究顾客的购物习惯,商家发现了购物人群对商品的需求性,并做出相应的调整策略,从而实现了增加利润的目的。两个毫无关联的商品通过数据分析的手段,挖掘出来了潜藏的商机,这是精准营销的一个典型案例。

2. 股票走势预测

股票的走势预测也是通过数据分析的手段完成的,通过预测结果提供给持股人参考意见,如图1-2所示。这里的预测结果并不是无中生有或是空穴来风,而是经过准确的数据分析之后得出的结论。

图1-2 股票走势预测

现在市面上各种股票分析软件很多,它们就是通过对某股票之前的涨跌数据进行分析,给出合理的意见,有最近一年的、最近一周的、最近三天的,数据分析得越多,得出的结论越趋于合理。当然股票行情由于存在的影响因素居多,比如企业并购、管理层更换、国家政策等,所以股票的数据分析只能是一种参考,最终的决定权还在持股人手里,但是这种对于股票的数据分析无疑给购买股票的人提供了更多有效信息。

1.3 数据分析步骤

数据分析主要分为五步,分别为获取数据、数据预处理、特征工程、数据建模和模型评估。

1. 获取数据

在数据分析之前，需要根据分析的目的来获取数据。数据获取的方法有很多，最常见的来源包括企业内部数据集、问卷调查、机器或传感器数据、互联网公开数据等，还可以采用爬虫技术通过设定好的规则从网上爬取数据。

2. 数据预处理

数据预处理包括数据清洗、数据变换等。数据清洗包括异常值、缺失值、重复值、噪声以及数据不平衡等的处理，其中缺失值的处理主要有三种方法，分别是删除、补全和不进行任何处理。删除指将存在缺失值的样本删除，或将缺失数据较多的特征删除；补全是指对于数值型数据，可以采用均值、中位数、固定值等填充，对于离散型数据，可以采用众数、固定值等填充，也可以训练一个模型来预测缺失数据，如 K‐means 聚类等方法进行补全；除此之外，有一些模型自身能够处理数据缺失的情况，在这种情况下不需要对数据进行任何处理。

数据变换包括平滑处理、规范化、离散化等。

平滑处理主要用来去除噪声。规范化包括归一化（Normalization）和标准化（Standardization）。归一化和标准化本质上都属于广义线性变换，使变换后的特征处于固定区间或服从某种分布，在不影响数值排序关系的前提下，消除数据量纲，避免大方差数据影响小方差数据梯度更新，提升梯度下降速度。归一化通常是将数据映射到 [0，1] 或 [−1，1] 区间内。归一化和标准化常用的两种方法为 Z‐score 标准化和 Min‐Max Scaling。Z‐score 标准化变换后的特征均值为 0，方差为 1。Min‐Max Scaling 对原始数据进行线性变换，将值映射到 [0，1] 之间。Z‐score 和 Min‐Max Scaling 方法的计算公式如下：

$$x_{Z\text{-score}} = \frac{x - \mu}{\sigma}$$

$$x_{\text{Min-Max}} = \frac{x - \min(x)}{\max(x) - \min(x)}$$

还需要对离散型特征、非数值型标签以及连续型特征进行处理。将离散型特征数据转换成 one‐hot 向量格式，非数值型标签转换为数值型标签。连续特征的常用处理方法有二值化和分箱。二值化指根据阈值将数据二值化（将特征值设置为 0 或 1），用于处理连续型变量，大于阈值的值映射为 1，而小于或等于阈值的值映射为 0，默认阈值为 0。分箱可以将连续变量离散化，常用的方法有等宽分箱、等频分箱等。等宽分箱指将变量的取值范围分为 k 个等宽的区间，每个区间当作一个分箱。等频分箱指把观测值按照从小到大的顺序排列，根据包含观测值的数量将范围等分为 k 部分，每部分当作一个分箱。

3. 特征工程

特征工程包括三个部分，分别为特征构建、特征提取和特征选择。

1）特征构建（Feature Construction）：特征构建是指从原始数据中人工找出一些具有物理意义的特征。常用的方法有属性分割和结合。结构性的表格数据，可以尝试组合两个或三个不同的属性构造新的特征。

2）特征提取（Feature Extraction）：特征提取是指通过属性间的关系来得到新的属性，主要方法包括PCA（主成分分析）、LDA（线性判别分析）、ICA（独立成分分析）等。

3）特征选择（Feature Selection）：当数据预处理完成后，通常需要选择有意义的特征输入到机器学习的算法和模型进行训练。通常从两个方面对特征进行选择，一方面是特征是否发散，如果一个特征不发散，说明样本在这个特征上基本没有差异，所以对样本的区分没有用；另一方面是特征与目标的相关性，优先选择与目标相关性较高的特征。根据特征选择的方式可以将特征选择方法分为3种：

①过滤法（Filter）：根据发散性和相关性对各个特征进行评分，设定阈值或特征数量，对特征进行过滤。

②包裹法（Wrapper）：根据目标函数，每次选择若干特征或者排除若干特征，直到选出最佳的子集。

③嵌入法（Embedding）：先使用某些机器学习的算法和模型进行训练，得到各个特征的权值系数，根据系数从大到小选择特征。

特征提取和特征选择的共同点在于都是降维，区别在于特征选择是指在原有的特征中进行筛选，特征提取是构建新的属性。

4. 数据建模

根据不同的数据类型和预测目标建模。

5. 模型评估

根据评价指标对训练得到的模型进行评估。

单元总结

本单元是数据处理的基础，首先介绍了数据处理的定义和分类，然后介绍了数据处理中的两个经典案例，最后介绍了数据分析的步骤，具体包括获取数据、数据预处理、特征工程、数据建模和模型评估。

本单元思维导图如图 1-3 所示。

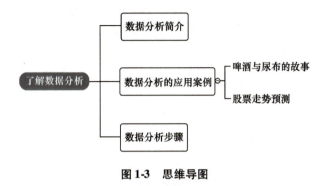

图 1-3　思维导图

数据分析是一个收集、转换、清理和建模数据的过程，目的是发现所需的信息，在大量看似毫不相关的数据中找到事物之间的联系，提出结论并支持决策。数据分析过程离不开丰富的想象力和创造力，只有勇敢尝试、不断改善，才能提高数据分析水平。

Unit 2

单元2
数据标注

单元2
数据标注

单元概述

前面介绍了数据分析的基本步骤,第一步为获取数据,根据分析的目的获取各种不同类型的数据。为了让机器能够正确识别和使用数据,首先要对数据进行标注,标注后的数据对机器来说才是有意义的数据。数据标注是人工智能产业的基础,是机器感知现实世界的原点。本单元介绍了常用的几种数据标注工具以及如何使用这些工具来对数据进行标注。

学习目标

单元目标	
知识目标	了解数据分析的定义和分类 掌握数据标注工具的使用方法
能力目标	能够安装并使用文本、图像以及语音标注工具
素质目标	培养学生严谨认真的学习态度 提升学生对数据分析的预判能力,培养责任意识,提升职业素养
学习重难点	
重点	使用文本、图像以及语音标注工具
难点	如何判断标注的质量以及标注后数据的使用方法

2.1 数据标注的概念

1. 数据标注(data annotation)

对文本、图像、语音、视频等待标注数据进行归类、整理、编辑、纠错、标记和批注等操作,为待标注数据增加标签,生产满足机器学习训练要求的机器可读数据编码。

2. 标签（label）

标识数据的特征、类别和属性等，可用于建立数据及机器学习训练要求所定义的机器可读数据编码间的联系。

3. 标注任务（annotation task）

按照数据标注规范对数据集进行标注的过程。

4. 数据标注员（data labeler）

负责对文本、图像、音频、视频等待标注数据进行归类、整理、编辑、纠错、标记和批注等操作的工作人员。

5. 标注工具（annotation tool）

数据标注员完成标注任务产生标注结果所需的工具和软件。标注工具按照自动化程度分为手动、半自动和自动三种。

2.2 数据标注的分类

1. 文本标注

文本作为语言的一部分，除了基础的字词含义、属性、语法等逻辑明确的层面，还有许多维度的特征，如语境、情感、目的等。如果人工智能无法理解这些复杂的内容，那么也就无法正确地理解人类语言。因此需要使用更加高质量的文本数据来进行机器训练，以培养出能够正确理解文本的人工智能。文本标注是对文本进行特征标记的过程。在这个过程中，需要明确文本的多维度特征，为其打上具体的语义、构成、语境、目的、情感等元数据标签，以创建一个巨大的文本数据集（文本训练数据）。通过标注好的训练数据，教会机器如何识别文本中隐含的人类意图或情感，更加"人性化"地理解语言。

2. 图像标注

图像标注是计算机视觉（Computer Vision）领域重要的过程之一。在图像标注过程中，数据标注员使用标签或元数据来标记 AI 模型学习识别的数据特征。然后，这些图像标注的数据被用于训练机器模型，使计算机在见到无标记的新数据时识别出这些特征。图片标注的场景目前应用非常广泛，主要的标注方法有点标、框标、区域标注、3D 标注、分类标注等，应用场景如安防、教育、自动驾驶等，目前落地比较成熟的有人脸识别、车牌识别等领域。

3. 语音标注

语音标注是数据标注行业中一种比较常见的标注类型，主要工作内容是将语音中包含的文字信息、各种声音"提取"出来，进行转写或合成，标注后的数据主要用于人工智能机器学习，应用在语音识别、对话机器人等领域。相当于给计算机系统安装上"耳朵"，使其"能听"，拥有精准的语音识别能力。语音应答交互也是目前重要的分支，所以在此类语音虚拟助理的研发中，基于语音识别、声纹识别、语音合成等建模与测试需要，需要对数据的发音人角色、环境场景、多语种、韵律、体系、情感、噪声等进行标注。

2.3 数据标注的基本流程

数据标注的基本流程如图 2-1 所示。

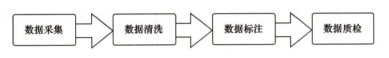

图 2-1 数据标注的基本流程

1. 数据采集

数据采集与获取是整个数据标注流程的首要环节。目前对于数据标注的众多平台而言，数据主要来源于提出标注需求的人工智能公司。那么对于这些人工智能公司，他们的数据又是从哪来的？比较常见的是通过互联网获取公开的数据集与专业数据集。公开数据集是政府、科研机构等对外开放的资源，比较容易获取，而专业数据往往更耗费人力物力，有时需要通过人工采集、购买所得，或者通过拍摄、录制等自主手段所得。

2. 数据清洗

在获取数据后，并不是每一条数据都能够直接使用，有些数据是不完整、不一致、有噪声的"脏数据"，需要通过数据预处理，才能真正投入问题的分析研究中。在预处理过程中，要把脏数据"洗掉"的数据清洗是重要的环节。

在数据清洗中，应对所采集的数据进行筛选，去掉重复的、无关的数据，对于异常值与缺失值进行查缺补漏，同时平滑噪声数据，最大限度纠正数据的不一致性和不完整性，将数据统一成合适于标注且与主题密切相关的标注格式，以帮助训练更为精确的数据模型和算法。

3. 数据标注

数据经过清洗，即可进入数据标注的核心环节。

4. 数据质检

无论是数据采集、数据清洗，还是数据标注，通过人工处理数据的方式并不能保证完全准确。为了提高数据输出的准确率，数据质检成为重要的环节，而最终通过质检环节的数据才算是真正过关。

2.4 常用数据标注工具

1. 文本标注工具 Doccano

Doccano 是一个开源的文本标注工具，目前支持文本分类、序列标注以及 seq2seq，支持自定义标签，用于情感分析、NER（命名实体识别）、机器翻译、文本摘要等任务，如图 2-2 所示。

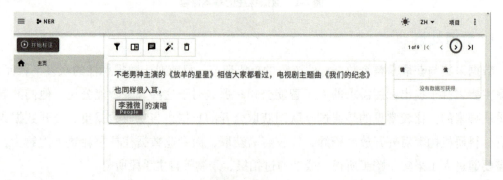

图 2-2 文本标注

2. 图像标注工具 LabelImg

LabelImg 是一个图像标注工具，它是使用 Python 的 qt 开发的。通过它标注的图像生成的标签文件支持 xml、PASCAL VOC、YOLO，如图 2-3 所示。

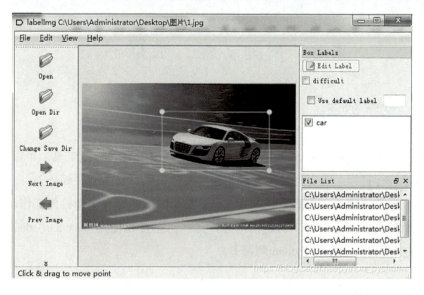

图 2-3　图像标注

优点：跨平台，支持 Linux、Mac OS、Windows，安装方便、使用简单。
缺点：只支持矩形框的标注。

3. 语音标注工具 Praat

Praat 语音学软件，原名为 Praat：doing phonetics by computer，通常简称为 Praat，是目前比较流行也比较专业的语音处理软件，可以进行语音数据标注、语音录制、语音合成、语音分析等，同时生成各种图和报表，具有免费、占用空间小、通用性强、可移植性好等特点，如图 2-4 所示。

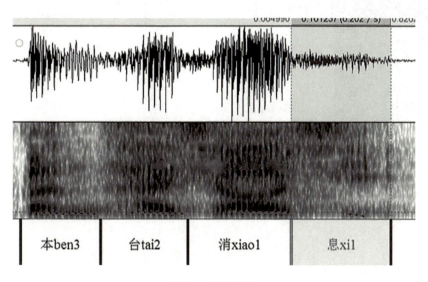

图 2-4　语音标注

2.5 案例实施：数据标注

2.5.1 文本标注

doccano 是 document anotation 的简写，是一个开源的文本标注工具，可以用它为 NLP 任务的语料库进行打标。它支持情感分析、命名实体识别、文本摘要等任务。

它的操作非常便捷，在小型语料库上，只要数小时就能完成全部打标工作。

下面介绍如何在 Windows 10 操作系统下安装、配置和使用 doccano。doccano 是基于 Python 开发的，所以要先安装 Python 解释器。

1. 安装 Python 解释器

进入 Python 官网（Python.org），单击 Downloads→Windows 命令，如图 2-5 所示。

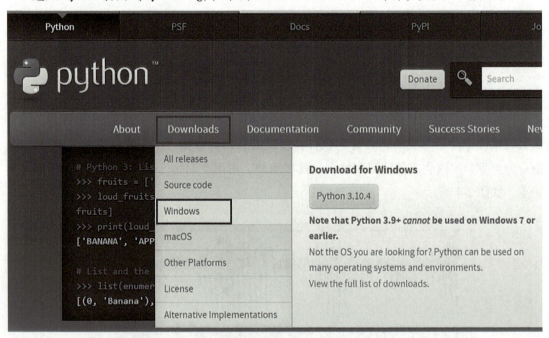

图 2-5　Python 官网

进入 Python 解释器安装包的下载页面，此处选择 3.9.12 版本，如图 2-6 所示。

- Python 3.9.12 - March 23, 2022

Note that Python 3.9.12 *cannot* be used on Windows 7 or earlier.

- Download Windows embeddable package (32-bit)
- Download Windows embeddable package (64-bit)
- Download Windows help file
- Download Windows installer (32-bit)
- Download Windows installer (64-bit)

图 2-6 Python 解释器安装包

根据操作系统的版本，选择对应的安装包进行下载，以 64 位操作系统为例。
单击 Download Windows installer（64 – bit）进行下载。
双击下载好的安装文件 Python – 3.9.12 – amd64.exe，打开安装界面如图 2-7 所示。

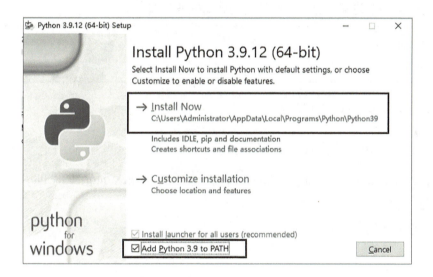

图 2-7 Python 解释器安装界面

2. 安装 doccano 与初始配置

打开 DOS 窗口，执行以下命令即可安装 doccano。

```
# pip install doccano = =1.6.2 – i  https://pypi.douban.com/simple/
```

安装的版本为 1.6.2，以下内容都是以此版本进行介绍，在实训时，建议安装相同的版本。

执行以下命令即可完成初始化，并创建一个 doccano 的超级用户。

```
# 初始化数据库
#doccano init


# 创建一个 super user。这里要把 pass 改成容易记住的密码。当然,用户名也可以改
成别的。
#doccano createuser －－username admin －－password pass
```

3. 启动 doccano

首先,在终端中运行下面的代码启动 webserver。

```
# 启动 webserver
#doccano webserver －－port 8000
```

然后打开另一个终端,运行下面的代码启动任务队列。

```
# 启动任务队列
doccano task
```

此时就完成了 doccano 的启动。

4. 运行 doccano 创建新的文本并打标

首先,打开浏览器(最好是 Chrome),在地址栏中输入 http://localhost:8000/并按
<Enter>键。

此时,会看到图 2-8 所示界面。

图 2-8 doccano 首页

在圆圈处切换语言并切换成黑色模式（网页变成黑色背景）。

然后单击中间的 GET STARTED 按钮。

此时会跳转到登录界面，需要用之前创建的超级用户登录。用户名：admin，密码：pass，如图 2-9 所示。

图 2-9　doccano 登录界面

完成登录后，会来到"项目"界面。可以单击左上角的"创建"按钮来创建新的项目；也可以单击"删除"按钮来删除已经创建的项目，如图 2-10 所示。

图 2-10　创建项目

单击左上角的"创建"按钮，创建一个新的项目，如图 2-11 所示。

doccano 总共支持 6 种 NLP 任务的文本标注，分别是文本分类、序列标注、序列到序列（例如文本翻译）、意图检测和槽填充、图像分类、文字转语音。

以文本分类为例，填写完项目要求的信息后，单击"创建"按钮就创建了一个新的 NLP 文本分类的标注项目，项目创建完成后，会自动跳转到相应项目的主页，如图 2-12 所示。

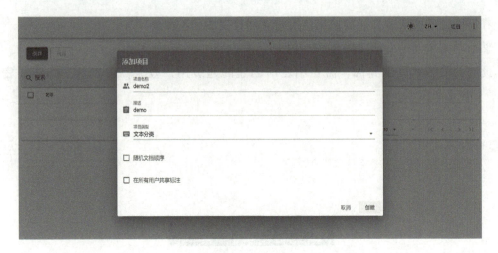

图 2-11 添加项目

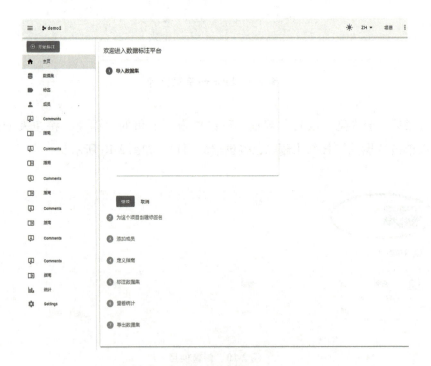

图 2-12 项目主页

最左侧是一系列可以选择的页面。"主页"标签下面是 doccano 提供的一系列教程，在其他页面可以对项目进行设置。

后面将在图 2-12 所示的界面中的完成文本打标的各项设置，依次单击左侧的各个标签进行设置。

5. 添加语料库

在"数据集"页面，可以将准备好的文本添加到项目中，为将来的打标做准备。首先单击左上角的"操作"→"导入数据集"命令，如图 2-13 所示。

图 2-13 导入数据集

此时会来到"上传数据"界面，如图 2-14 所示。

图 2-14 "上传数据"界面

如图 2-14 所示，doccano 总共支持 7 种格式的文本，这 7 种文本的区别如下：

1）TextFile：要求上传的文件为 txt 格式，并且在打标的时候，整个 txt 文件显示为一页内容。

2）TextLine：要求上传的文件为 txt 格式，并且在打标的时候，该 txt 文件的一行文字显示为一页内容。

3）CSV：文件必须包含带有文本列的标头或者是单列 csv 文件。

4）fastText：Facebook 开源的一个词向量与文本分类工具。

5）JSON：每行包含一个带有文本键的 JSON 对象。JSON 格式支持换行符渲染。

6）JSONL：是 JSON Lines 的简写，每行是一个有效的 JSON 值。

7）Excel：Excel 是 Microsoft Office 中的电子表格程序。

注意：

1）doccano 官方推荐的文档编码格式为 UTF-8。

2）在使用 JSON 格式的时候，文字数据本身要符合 JSON 格式的规范。

3）数据集中不要包含空行。

这里以 TextLine 格式举例。

单击"TextLine 格式"，然后在跳转到的界面里选择文件格式，单击图 2-15 中的"选择一个文件"来上传文件；最后在导入数据界面中单击左下角的"Import"按钮将数据集添加到项目，如图 2-16 所示。

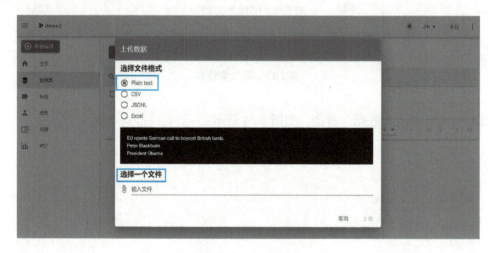

图 2-15 上传数据

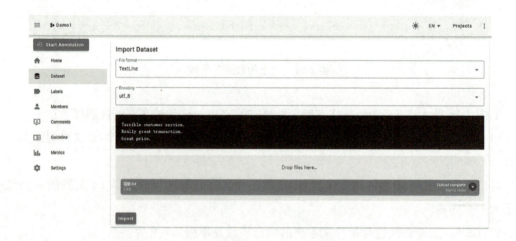

图 2-16 导入数据

此时，再单击"数据集"的标签，就可以看到一条一条的文本已经被添加到项目中了，后面将对这些文本进行打标。

6. 添加标签

这一步骤主要是添加在打标时可选的标签。例如，在 NER 任务中，可能会添加 People、Location、Organization 等标签；在文本分类任务中，可能会添加 Positive、Negative 等标签。

注意，这里只是添加将来可供选择的标签，是项目配置的过程，而不是进行文本标注。

单击左侧的"标签"按钮进入添加标签的界面。继续单击"操作"按钮，并在下拉菜单中单击"创建标签"按钮，如图 2-17 所示。

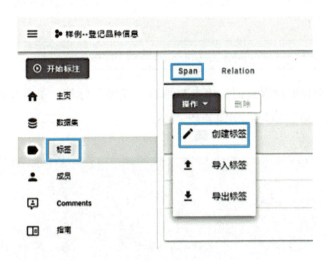

图 2-17　添加标签

在弹出的"Create a Label Type"界面的第一行写上标签的名字。例如在 NER 的例子中，可以写 People、Location、Organization 等。

在第二行添加该标签对应的快捷键。例如，给 People 设置的快捷键是 p。将来在打标的时候，右击选中段落中的文字（例如"白居易"），左手在键盘按下快捷键 <P>，就可以把被选中的文字打标成"People"。在界面下方，可以给标签自定义颜色，如图 2-18 所示。

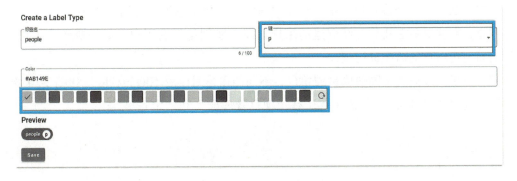

图 2-18　设置标签颜色

全部设置好以后,单击右下角的"Save"按钮。

此时,一个标签就添加完成了。以同样的方法添加其他所需要的标签。

7. 添加成员

在为机器学习的语料库打标时,由于语料库一般比较大,如果只让一个人给所有的文本打标,那么将要耗费非常多的时间。因此,需要多个人协同完成语料库的打标工作。

目前项目还只有一个成员,也就是在初始配置 doccano 的时候创建的超级用户 admin。因此,为了让其他人参与到打标项目中来,首先需要为其他成员创建账户。

通过命令添加账户。

```
# doccano createuser --username 小明 --password password
```

此时,再返回项目的设置页面。单击左侧的"成员"标签,单击页面上的"添加"按钮,会弹出"添加成员"窗口,如图 2-19 所示。

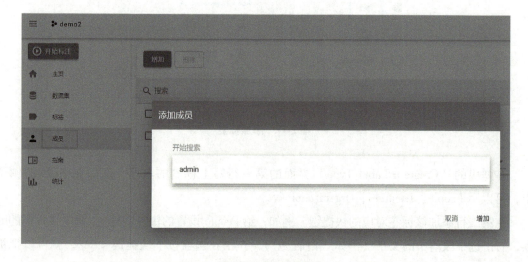

图 2-19 添加成员

其中,在"用户搜索接口"的下拉菜单里面可以找到刚添加的用户"小明"。

注意,在这里只能找到已经创建的用户,而不能创建新的用户。如果要新建用户,必须用前面创建用户的命令进行创建。

同时,还可以设置不同的成员的角色,不同的角色对应着不同的权限。如图 2-20 所示,把小明设置为"标注员",其他角色还有"项目管理员"和"审查员"。

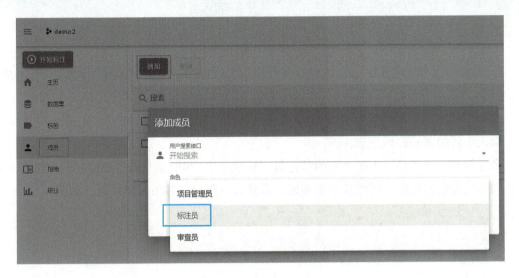

图 2-20　给成员设置角色

8. 添加标注指南

事前给标注员和审查员准备一些标注指南，便于项目成员理解标注的要求和注意点。

例如，在判断文本正负面倾向的文本分类任务中，要具体说明判断正负面的标准，例如满足哪些要求就可以认为一个本文是正面的。

因为不同人对文本的理解和判断正负面的尺度是不一样的，只有把标准写具体、写明确了，才能得到一个尺度统一的数据集。数据集上的打标尺度统一，是机器学习获得好的效果的前提。

添加指南的界面如图 2-21 所示。

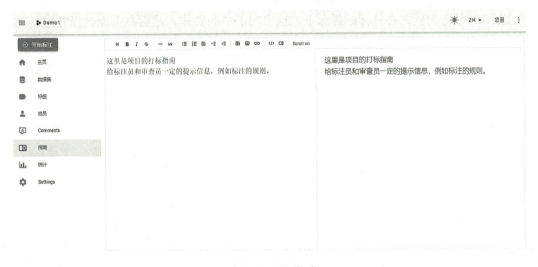

图 2-21　添加指南

9. 开始给文本打标

前面的准备工作完成后就可以开始给文本打标。需要注意的是，上面的前期设置里面并不是所有的都是必须的。在最精简的情况下，可以在仅添加了数据集与标签后，就开始给文本打标。

这里用标注员小明的账号登录打标系统做演示。同样是打开 http://localhost:8000/ 地址，输入小明的账号密码登录。

和之前不一样的是，由于小明的角色是"标注员"，因此他只有打标的权限，没有对项目进行各项设置的权限，所以在左侧列表没有管理员用户的各项设置项目，如图 2-22 所示。

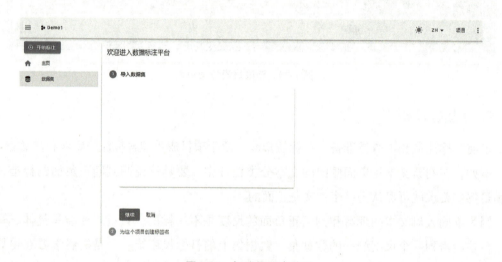

图 2-22　标注员用户首页

这里直接单击左上角的"开始标注"进行打标。

以 NER 任务为例，在打标的界面下，选中句子中的实体，然后在上面选择相应的实体类型 People，也可以直接在键盘上按 <P> 键，如图 2-23 所示。

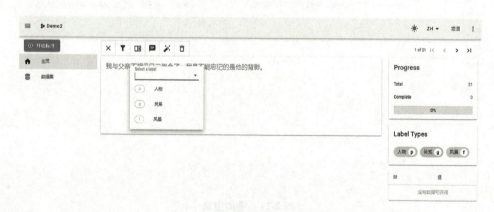

图 2-23　标注

在文本框的上面还有一排工具按钮，如图 2-24 所示。

图 2-24　工具按钮

①是筛选，主要作用是控制程序显示全部文本、已标注的文本还是未标注的文本。
②是指南，就是显示事先写好的打标指南。
③是评论，可以针对某一条文本添加评论。
④是 Auto Labeling。这个功能需要调用一些 API 来实现，doccano 本身没有自动打标的功能。例如，可以在管理员用户下，在项目中添加 Amazon Comprehend Entity Recognition 的 API 信息（例如 aws_access_key）来支持。
⑤是清除这一页上所有的标签。
完成一个文本的打标以后，可以单击右上角的向右箭头，切换到下一个文本，如图 2-25 所示。

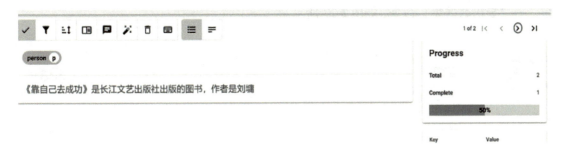

图 2-25　切换到下一个文本

也可以通过键盘上的左右方向键来快速切换上一个或者下一个文本。
注意，如果在项目设置中选择了在成员之间共享标注，那么一个用户打标的结果可以被其他所有用户看到。

10. 审核标注结果

标注员小明把所有的文本标注完成后，由审核员小红来审核标注是否有错误。

在 http://localhost:8000/ 地址用小红的账户登录。进入项目以后单击"开始标注"按钮，进入界面如图 2-26 所示。

图 2-26　审核标注结果

可以发现，审核员比起标注员多了一个"×"按钮（这个按钮管理员用户也有），表示这个文本目前没有经过审核。

如果小红单击一次"×"按钮，该按钮上的图像会变为"√"，表示已经经过审核。对审核过后的标签信赖程度更高，将来在下载打标结果的时候，可以选择只下载经过审核的标签及文本（当然也可以下载所有文本）。

11. 导出标注结果

当要导出标注结果的时候，重新用管理员用户登录，在"数据集"页面下，单击"操作"→"导出数据集"命令，如图 2-27 所示。

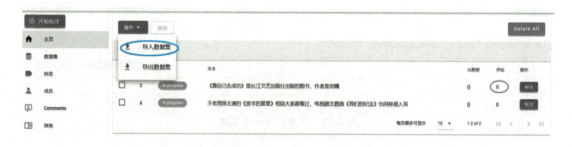

图 2-27　导出数据集命令

注意，在图 2-28 右侧，可以看到每一条文本的评论数量，例如红圈处。

在弹出的窗口中，根据需要进行设置后，单击"Export"按钮即可导出标注结果，如图 2-28 所示。

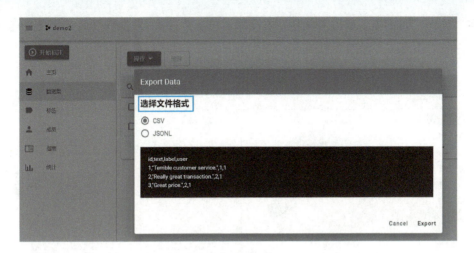

图 2-28　导出标注结果

保存好的文本是字典格式，保存了句子的 ID、句子原文、实体在句子中的位置、实体的类型，如图 2-29 所示。

图 2-29　结果内容

12. 阅读项目信息

在管理员账户下，可以看到标注项目的进度以及其他信息。

在"Comments"页面下，可以看到所有标注员、审核员、管理员添加的评论，如图 2-30 所示。

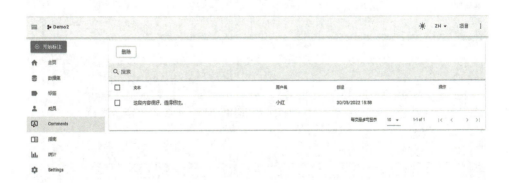

图 2-30　评论内容

在"统计"页面下，可以看到在所有文本中已完成和未完成的比例、各个标签的数量、各个用户的工作量等，如图 2-31 所示。

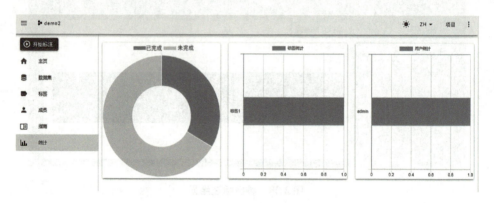

图 2-31　统计信息

2.5.2　图像标注

图像标注是许多人工智能产品的基础，并且是计算机视觉（Computer Vision）领域重要的过程之一。在图像标注过程中，数据标注员使用标签或元数据来标记 AI 模型识别的数据特征。然后，这些图像标注的数据被用于训练机器模型，使计算机在见到无标记的新数据（例如图 2-32）时识别出这些特征。随着致力于人工智能的公司能够获得的图像数据不断增多，依赖于图像标注的项目需求也飞速增长。对于在机器学习领域开展业务的企业来说，创建全面、有效的图像标注过程变得越来越重要。

图 2-32　待标注图像

图像标注有较为常见的三种类型，企业可以根据项目的复杂程度及适用的应用场景选择一种标注类型。对于任何一种类型，使用图像数据的质量越高，达到的 AI 预测结果就会越准确。

1. 图像分类

分类是简单又快捷的图像标注方法，仅将一个标签应用于一张图像。例如，人们可能想要浏览并分类一系列杂货店货架的图像，并确定哪些货架上有汽水哪些没有汽水。这种方法非常适合收集抽象信息，例如在一天中的时间内图像中是否有汽车，或者从一开始就过滤掉不符合条件的图像。在提供单一、高级标签方面，分类是一种快捷的图像标注方法，但也是本部分重点介绍的三种类型中较为模糊的一种，因为它并不指示图像中物体所在的位置。

2. 目标检测

目标检测是让标注员在图像中标注出指定的特定物体。因此，如果分类法将图像归类为包含汽水，那么这种方法进一步表明汽水在图像中的位置，或者是正在寻找的某品牌汽水的位置。有几种方法可用于目标检测，包括以下标注技术：

1）2D 边界框（2D Bounding Box）：标注员应用矩形和正方形来界定目标对象的位置。这是图像标注领域中常用的技术之一。

2）三维长方体（Cuboid）或 3D 边界框（3D Bounding Box）：标注员将立方体应用于目标对象，以界定对象的位置和深度。

3）多边形分割（Polygonal Segmentation）：当目标对象不对称且不容易放入盒子中时，标注员会使用复杂的多边形来界定对象的位置。

4）线和样条线标注（Lines and Splines）：标注员标识图像中的关键边界线和曲线以分隔各个区域。例如，标注员可以在自动驾驶汽车图像标注项目中标记高速公路的各个车道。

由于目标检测允许重叠使用框或线，因此该方法仍不是精确的方法，它提供的是物体的一般位置，同时也是相对较快的标注过程。

3. 语义分割（Semantic Segmentation）

语义分割通过确保图像的每个组成部分仅属于一个类别来解决物体检测的重叠问题。通俗来说就是语义分割是对区域内的像素分类而不是目标分类。因此需要标注员为每个像素分配类别（例如行人、汽车或标志）。这有助于训练 AI 模型如何识别和分类特定对象，即使这些对象被遮挡。例如，如果有一个购物车遮挡了图像的一部分，则可以使用语义分割来识别某品牌汽水是什么样，以便模型能够识别它。

值得注意的是，图像标注方法并不仅仅局限于上述三种类型。其他的方法包括专门用于人脸识别的类型，例如特征点标注（标注员使用人体姿势点标注来绘制特征，例如眼、鼻和口）。图像转录是另一种常见的标记方法：当数据中包含多模式信息，即图片中有文字并且需要提取该文字时，就会用到这种方法。

物体检测，简而言之就是框出图像中的目标物体，如图 2-33 所示。

然而，能够识别出该图中的人、狗、马的模型是经过了大量数据训练得到的，这些训练用的数据包含了图片本身、图片中的待检测目标的类别和矩形框的坐标等。一般而言，初始的数据都是需要人工来标注的，比如图 2-34。

图 2-33　标注后的图像

图 2-34　待处理图像

除了要把图片本身输入到神经网络，还要把图 2-34 中的长颈鹿、斑马的类别以及在图片中的位置信息一并输入到神经网络。类别信息比较容易得到，但是目标的位置信息如何得到？难道要用像素尺量吗？

其实，已经有很多物体检测的先驱者们开发出了一些便捷的物体检测样本标注工具，这里介绍一个很好用的工具——labelImg，该工具已经在 Github 上开源，如图 2-35 所示。

图 2-35　Github 信息

该工具对于 Windows、Linux、Mac 操作系统都支持，这里介绍 Windows 和 Linux 下的安装方法，Mac 下的安装方法可以参考项目的 README 文档。Github 上提供了 Windows 下的 exe 文件，下载下来后直接双击运行即可打开 labelImg，进行数据的标注。

（1）**Linux 下的安装**

需要从源代码构建，README 文档中提供了 python2 + Qt4 和 python3 + Qt5 的构建方法，这里仅介绍后者，在终端中输入以下命令。

```
--构建
sudo apt-get install pyqt5-dev-tools
sudo pip3 install -r requirements/requirements-linux-python3.txt
make qt5py3
--打开
python3 labelImg.py
python3 labelImg.py [IMAGE_PATH] [PRE-DEFINED CLASS FILE]
```

（2）**Windows 下的安装**

进入 DOS 窗口，输入以下命令进行安装。

```
C:\Users\Administrator> pip install labelimg -i https://pypi.tuna.tsinghua.edu.cn/simple
```

安装完成之后，输入 labelimg 命令。

```
C:\Users\Administrator> labelimg
```

输入以上命令后,稍等几秒,就会看到图 2-36 所示界面。

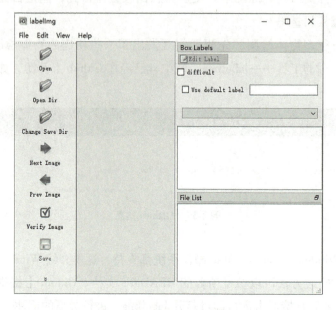

图 2-36　图片标注工具首页

然后加载一个图片目录,第一张图片会自动打开,此时按 < W > 键,就可以标注目标了,如果发现快捷键不能用,可能是目前处在中文输入法状态,切换到英文状态就可以了,如图 2-37 所示。

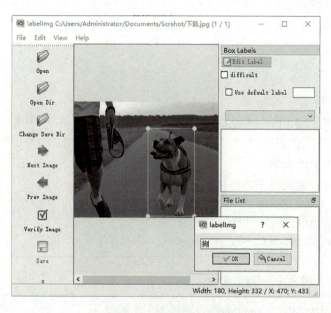

图 2-37　进行图像标注

标注完成后记得保存操作，然后按快捷键<D>，就可以切换到下一张继续标注。当所有的图片标注完成后，还要按照 VOC2007 的数据集标准将图片和 xml 文件放到固定的目录结构下，如图 2-38 所示。

图 2-38　目录结构

其中，Annotations 存放 xml 文件，JPEGImages 存放图片文件。

接着将图片数据集划分成训练集、验证集、测试集，可以使用以下 Python 代码，将该代码文件和 ImageSets 目录放在同一级执行。

```python
"""
将 VOC2007 格式的数据集划分为训练集、测试集和验证集
"""
import os
import random
trainval_percent = 0.96
train_percent = 0.9
xmlfilepath = 'Annotations'
txtsavepath = 'ImageSets\Main'
total_xml = os.listdir(xmlfilepath)
num = len(total_xml)
list = range(num)
tv = int(num * trainval_percent)
tr = int(tv * train_percent)
trainval = random.sample(list, tv)
train = random.sample(trainval, tr)
ftrainval = open('ImageSets/Main/trainval.txt', 'w', encoding="utf-8")
ftest = open('ImageSets/Main/test.txt', 'w', encoding="utf-8")
```

```
ftrain = open('ImageSets/Main/train.txt', 'w', encoding = "utf-8")
fval = open('ImageSets/Main/val.txt', 'w', encoding = "utf-8")
for i in list:
    name = total_xml[i][:-4] + '\n'
    if i in trainval:
        ftrainval.write(name)
        if i in train:
            ftrain.write(name)
        else:
            fval.write(name)
    else:
        ftest.write(name)
ftrainval.close()
ftrain.close()
fval.close()
ftest.close()
```

执行后，会在 ImageSets/Main 目录下生成以下文件，如图 2-39 所示。

图 2-39 结果文件

其中，test.txt 为测试集，train.txt 为训练集，trainval.txt 为训练集+验证集，val.txt 为验证集。

接下来，可以生成 yolov3 需要的数据格式了，使用以下代码，将代码文件和 VOCdevkit 目录放在同一级执行，注意修改代码中的 classes 为想要检测的目标类别集合。

```
import xml.etree.ElementTree as ET
import pickle
import os
from os import listdir, getcwd
```

```python
from os.path import join
# sets = [('2012', 'train'), ('2012', 'val'), ('2007', 'train'), ('2007', 'val'), ('2007', 'test')]
sets = [('2007', 'train'), ('2007', 'val'), ('2007', 'test')]

# classes = ["aeroplane", "bicycle", "bird", "boat", "bottle", "bus", "car", "cat", "chair", "cow", "diningtable", "dog", "horse", "motorbike", "person", "pottedplant", "sheep", "sofa", "train", "tvmonitor"]
classes = ["人","狗","鼠标","车"]
def convert(size, box):
    dw = 1./(size[0])
    dh = 1./(size[1])
    x = (box[0] + box[1])/2.0 - 1
    y = (box[2] + box[3])/2.0 - 1
    w = box[1] - box[0]
    h = box[3] - box[2]
    x = x * dw
    w = w * dw
    y = y * dh
    h = h * dh
    return (x,y,w,h)
def convert_annotation(year, image_id):
    in_file = open('VOCdevkit/VOC%s/Annotations/%s.xml'%(year, image_id))
    out_file = open('VOCdevkit/VOC%s/labels/%s.txt'%(year, image_id), 'w')
    tree = ET.parse(in_file)
    root = tree.getroot()
    size = root.find('size')
    w = int(size.find('width').text)
    h = int(size.find('height').text)
    for obj in root.iter('object'):
        difficult = obj.find('difficult').text
        cls = obj.find('name').text
        if cls not in classes or int(difficult) == 1:
```

```
            continue
        cls_id = classes.index(cls)
        xmlbox = obj.find('bndbox')
        b = (float(xmlbox.find('xmin').text), float(xmlbox.find('xmax').text), float(xmlbox.find('ymin').text), float(xmlbox.find('ymax').text))
        bb = convert((w,h), b)
        out_file.write(str(cls_id) + " " + " ".join([str(a) for a in bb]) + '\n')
wd = getcwd()
for year, image_set in sets:
    if not os.path.exists('VOCdevkit/VOC%s/labels/'%(year)):
        os.makedirs('VOCdevkit/VOC%s/labels/'%(year))
    image_ids = open('VOCdevkit/VOC%s/ImageSets/Main/%s.txt'%(year, image_set)).read().strip().split()
    list_file = open('%s_%s.txt'%(year, image_set), 'w')
    for image_id in image_ids:
        list_file.write('%s/VOCdevkit/VOC%s/JPEGImages/%s.jpg\n'%(wd, year, image_id))
        convert_annotation(year, image_id)
    list_file.close()
# os.system("cat 2007_train.txt 2007_val.txt 2012_train.txt 2012_val.txt > train.txt")
# os.system("cat 2007_train.txt 2007_val.txt 2007_test.txt 2012_train.txt 2012_val.txt > train.all.txt")
os.system("cat 2007_train.txt 2007_val.txt > train.txt")
os.system("cat 2007_train.txt 2007_val.txt 2007_test.txt > train.all.txt")
```

执行后, 会在当前目录生成几个文件, 如图 2-40 所示。

  2007_train.txt —训练集
  2007_val.txt —验证集
  2007_test.txt —测试集
  train.txt —训练集+验证集
  train.all.txt —训练集+验证集+测试集

图 2-40 结果文件

只需要测试集和训练集，保留 train.txt 和 2007_test.txt，其他文件可以删除，然后把 train.txt 重命名为 2007_train.txt（不重命名也可以，只是为了和 2007_test.txt 名字的风格一致），如此就有了两个符合 yolov3 训练和测试要求的数据集 2007_train.txt 和 2007_test.txt，注意，这两个 txt 中包含的仅是图片的路径。

除了上面的几个文件外，在 VOCdevkit/VOC2007 目录下生成了一个 labels 目录，该目录下生成了和 JPEGImages 目录下每张图片对应的 txt 文件，所以如果有 500 张图片，就会有 500 个文本文件，内容如图 2-41 所示。

```
1  1 0.6022727272727273 0.6232876712328766 0.29848484848484846 0.7397260273972602
2
```

图 2-41　文本文件内容

可以看到，每一行代表当前 txt 所对应的图片里的一个目标标注信息，共有 5 列，第一列是该目标的类别，第二、三列是目标的归一化后的中心位置坐标，第四、五列是目标归一化后的宽和高。当得到了 2007_train.txt、2007_test.txt、labels 目录及其 txt 文件后，数据标注工作就算完成了。

2.5.3　语音标注

Praat 语音学软件原名为 Praat：doing phonetics by computer，通常简称 Praat，是目前比较流行也比较专业的语音处理的软件，可以进行语音数据标注、语音录制、语音合成、语音分析等，同时生成各种语图和报表，具有免费、占用空间小、通用性强、可移植性好等特点。

1. 下载

Praat 官网链接：http://www.fon.hum.uva.nl/praat/。找到对应操作系统版本的安装包进行下载，下载之后解压。

2. 使用

1）首次打开 Praat，只需要 Praat Objects 窗口，关闭 Praat Picture 窗口。
2）读取音频文件，导入 .wav 音频或 .TextGrid，如图 2-42 所示。

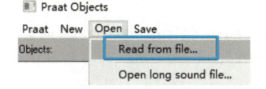

图 2-42　读取音频文件

打开窗口后，可以选择多个 wav 音频或 TextGrid 读入（按 < Ctrl > 或 < Shift > 键）。

3）标注初始化 TextGrid 文件，如图 2-43 和图 2-44 所示。

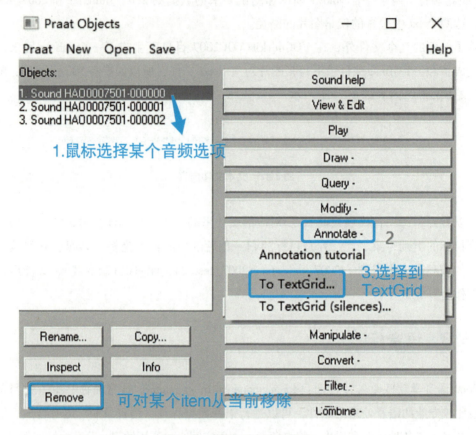

图 2-43　音频标注初始化操作

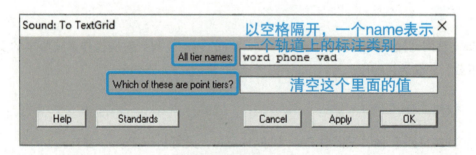

图 2-44　标记层命名

4）同时选择 wav 和对应 TextGrid 标注。按 < Ctrl > 键同时选择 wav 和对应 TextGrid，然后选择 View & Edit 开始标注，如图 2-45 所示。

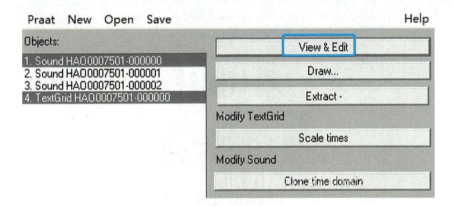

图 2-45 选择 View&Edit

5）设置 TextGrid 标注。在弹出的 TextGrid 窗口中，选择 File→Preferences 命令，去掉 Show IPA chart 的勾选，这样右边不会显示字符表。

3. 标注技巧

1）快捷键＜Ctrl＋I＞：放大波形。

2）快捷键＜Ctrl＋O＞：缩小波形。

3）由于 Praat 不会自动保存 TextGrid 格式文本，需要按快捷键＜Ctrl＋S＞保存。

4）播放音频：按＜Tab＞键可以播放音频，按＜Esc＞键取消，或单击下方的灰色时间条也可以播放音频。

5）标注分界线，如图 2-46 所示。

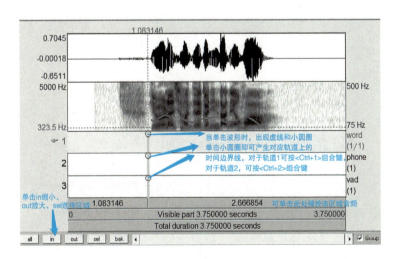

图 2-46 标注分界线

6）给边界区域添加文字，如图 2-47 所示。

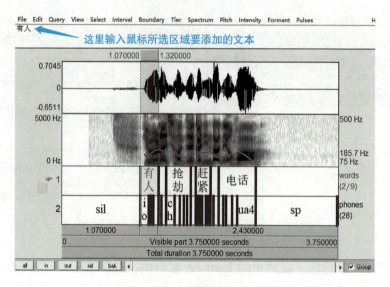

图 2-47　添加文字

单元总结

本单元主要对数据分析中的数据标注进行了介绍，并针对 3 种常见的数据标注类型进行了介绍，并介绍了相应工具的使用方法，通过实际操作理解数据标注的概念和数据标注流程。

本单元思维导图如图 2-48 所示。

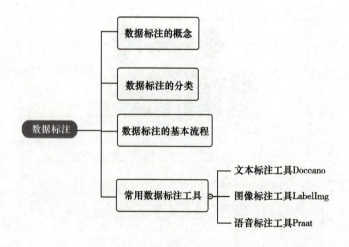

图 2-48　思维导图

工欲善其事必先利其器，熟练使用标注工具，能够提高数据标注效率，帮助机器快速准确地识别文本、语音、图像等数据中的目标对象，从而进一步训练机器。人工智能、机器学习的使用依赖于大量人工完成标注的标签化数据。千里之行，始于足下，数据标注工作需要细心与坚韧，需要新时代的工匠精神。

评价考核

学习单元：数据标注			
课程性质：理实一体化课程		综合得分：	
知识掌握情况评分（35分）			
序号	知识考核点	配分	得分
1	了解数据标注的定义及分类	10	
2	数据标注工具的安装配置	10	
3	数据标注工具的使用	15	
工作任务完成情况评分（65分）			
序号	能力操作考核点	配分	得分
1	安装文本标注工具	10	
2	使用文本标注工具	10	
3	安装图像标注工具	15	
4	使用图像标注工具	5	
5	安装语音标注工具	5	
6	使用语音标注工具	10	
7	使用数据标注后的文件	10	

习 题

一、简答题

1. 简述数据标注的分类。
2. 简述数据标注的流程。

二、实操题

1. 在 Windows 操作系统中，安装并使用文本标注工具。
2. 在 Windows 操作系统中，安装并使用图像标注工具。

Unit 3

单元3
数据统计

单元概述

NumPy（Numerical Python）是一个由多维数组对象和用于处理这些数组的函数集合组成的库，是 Python 中常用的科学计算库。NumPy 支持常见的数组和矩阵操作。对于同样的数值计算任务，使用 NumPy 比直接使用 Python 要简洁得多。NumPy 使用 ndarray 对象来处理多维数组，该对象是一个快速而灵活的大数据容器。

NumPy 可以通过在命令行输入"pip install numpy"进行安装，在 Python 程序中使用"import numpy as np"导入，可以对数组执行数学和逻辑运算。本单元介绍了 NumPy 的基础知识，包括体系结构和环境，还讨论了各种数组函数、索引类型等。

学习目标

单元目标	
知识目标	了解 NumPy 库 掌握 NumPy 库的基本使用
能力目标	能够根据需求使用 NumPy 库完成对股票数据的统计分析
素质目标	培养学生严谨认真的学习态度 提升学生对数据分析的预判能力，培养责任意识，提升职业素养
学习重难点	
重点	掌握 NumPy 计算库运算函数
难点	掌握 ndarray 数组的统计函数

3.1　ndarray 数组

NumPy 中定义的最重要的对象是称为 ndarray 的 n 维数组类型，它是相同类型的数据集合，可以使用从零开始的索引来访问集合中的数据。

ndarray 可以使用 NumPy 中的数组函数 numpy.array 创建，参数说明见表 3-1，NumPy 数据类型见表 3-2。

numpy.array(object, dtype = None, copy = True, order = None, subok = False, ndmin = 0)

表 3-1　numpy.array 参数说明

参数	说明
object	数组或嵌套的数列
dtype	数组元素的数据类型，可选。NumPy 中的数据类型见表 3–2
copy	对象是否需要赋值，默认为 True
order	创建数组的样式，C（行）或 F（列）或 A（任意），默认为 A
subok	默认情况下，返回一个与基类类型一致的数组
ndmin	指定生成数组的最小维度

表 3-2　NumPy 数据类型

数据类型	说明
bool	布尔值（True 或 False）存储为字节
int	默认整数类型（通常为 int64 或 int32）
int8	整数（-128 至 127）
int16	整数（-32 768 至 32 767）
int32	整数（-2 147 483 648 至 2 147 483 647）
int64	整数（-9 223 372 036 854 775 808 至 9 223 372 036 854 775 807）
uint8	无符号整数（0 到 255）
uint16	无符号整数（0 到 65 535）
uint32	无符号整数（0 到 4 294 967 295）
uint64	无符号整数（0 至 18 446 744 073 709 551 615）
float	float64 的简写
float16	半精度浮点数：符号位，5 位指数，10 位尾数
float32	单精度浮点数：符号位，8 位指数，23 位尾数
float64	双精度浮点数：符号位，11 位指数，52 位尾数

示例：列表生成 ndarray 数组。

示例代码如下：

```python
import numpy as np
a = np.array([1,2,3])
print('一维数组:', a)
b = np.array([[1, 2], [3, 4]])
print('多维数组:', b)
c = np.array([1, 2, 3, 4, 5], ndmin=3)
print('指定最小维度', c)
```

运行上述程序，输出结果如下：

```
一维数组:[1 2 3]
多维数组:[[1 2]
 [3 4]]
指定最小维度[[[1 2 3 4 5]]]
```

示例：numpy.arange()。

返回一个 ndarray 对象，该对象包含给定范围内的均匀间隔的值，其参数说明见表 3-3。

```
numpy.arange(start, stop, step, dtype)
```

表 3-3　numpy.arange 参数说明

参数	说明
start	间隔的起始值。如果省略，则默认为 0
stop	间隔的终止值（不包括此数字）
step	值之间的间隔，默认为 1
dtype	结果 ndarray 的数据类型。如果未给出，则使用输入的数据类型

示例代码如下：

```python
import numpy as np
x = np.arange(5)
print(x)
```

```
y = np.arange(5, dtype = float)    # 设置数据类型
print(y)
z = np.arange(10,20,2)    # 设置起始值和终止值,步长
print(z)
```

运行上述程序,输出结果如下:

```
[0 1 2 3 4]
[0. 1. 2. 3. 4.]
[10 12 14 16 18]
```

NumPy 数组的维数称为秩(rank),秩就是数组轴的数量,即数组的维度,一维数组的秩为1,二维数组的秩为2,以此类推。

在 NumPy 中,每一个线性的数组称为一个轴(axis),也就是维度(dimensions)。比如,二维数组相当于两个一维数组,其中第一个一维数组中每个元素又是一个一维数组。所以一维数组就是 NumPy 中的轴(axis),第一个轴相当于底层数组,第二个轴是底层数组里的数组。而轴的数量——秩,就是数组的维数。

很多时候可以声明 axis。axis = 0,表示沿着第 0 轴进行操作,即对每一列进行操作;axis = 1,表示沿着第 1 轴进行操作,即对每一行进行操作。

NumPy 的数组中比较重要的 ndarray 对象属性见表 3-4。

表 3-4 ndarray 对象属性

属性	说明
ndarray.ndim	秩,即轴的数量或维度的数量
ndarray.shape	数组的维度,对于矩阵,n 行 m 列
ndarray.size	数组元素的总个数,相当于.shape 中 n×m 的值
ndarray.dtype	ndarray 对象的元素类型
ndarray.itemsize	ndarray 对象中每个元素的大小,以字节为单位
ndarray.flags	ndarray 对象的内存信息
ndarray.real	ndarray 元素的实部
ndarray.imag	ndarray 元素的虚部
ndarray.data	包含实际数组元素的缓冲区,因为总是通过索引来使用数组中的元素,所以通常不需要使用这个属性

示例：ndarray. ndim。

用于返回数组的维数，等于秩。

```
import numpy as np
a = np. arange(24)# a 现只有一个维度
print（a. ndim）
b = a. reshape(2,4,3) # b 现在拥有三个维度
print（b. ndim）
```

输出结果为：

```
1
3
```

示例：ndarray. shape。

表示数组的维度，返回一个元组，这个元组的长度就是维度的数目，即 ndim 属性（秩）。比如，一个二维数组，其维度表示"行数"和"列数"。

ndarray. shape 也可以用于调整数组大小。

```
import numpy as np
a = np. array([[1,2,3],[4,5,6]])
print（a. shape）
```

输出结果为：

```
(2, 3)
```

用于调整数组大小：

```
import numpy as np
a = np. array([[1,2,3],[4,5,6]])
a. shape = (3,2)
print（a）
```

输出结果为：

```
[[1 2]
 [3 4]
 [5 6]]
```

示例：ndarray.reshape。

NumPy 也提供了 reshape 函数来调整数组大小。

```
import numpy as np
a = np.array([[1,2,3],[4,5,6]])
b = a.reshape(3,2)
print(b)
```

输出结果为：

```
[[1,2]
 [3,4]
 [5,6]]
```

示例：ndarray.itemsize。

ndarray.itemsize 以字节的形式返回数组中每一个元素的大小。

例如，一个元素类型为 float64 的数组的 itemsize 属性值为 8（float64 占用 64bit，每个字节长度为 8bit，所以占用 8 个字节），又如，一个元素类型为 complex32 的数组 item 属性为 4（32/8）。

```
import numpy as np
# 数组的 dtype 为 int8(1B)
x = np.array([1,2,3,4,5], dtype = np.int8)
print(x.itemsize) # 数组的 dtype 现在为 float64(8B)
y = np.array([1,2,3,4,5], dtype = np.float64)
print(y.itemsize)
```

输出结果为：

```
1 8
```

示例：ndarray.flags。

ndarray.flags 返回 ndarray 对象的内存信息，见表 3-5。

表 3-5　ndarray 对象的内存信息

属性	描述
C_CONTIGUOUS (C)	数据是在一个单一的 C 风格的连续段中
F_CONTIGUOUS (F)	数据是在一个单一的 Fortran 风格的连续段中

（续）

属性	描述
OWNDATA（O）	数组拥有它所使用的内存或从另一个对象中借用它
WRITEABLE（W）	数据区域可以被写入，将该值设置为 False，则数据为只读
ALIGNED（A）	数据和所有元素都适当地对齐到硬件上
UPDATEIFCOPY（U）	这个数组是其他数组的一个副本，当这个数组被释放时，原数组的内容将被更新

```
import numpy as np
x = np.array([1,2,3,4,5])
print(x.flags)
```

输出结果为：

```
C_CONTIGUOUS:True
F_CONTIGUOUS:True
OWNDATA:True
WRITEABLE:True
ALIGNED:True
WRITEBACKIFCOPY:False
UPDATEIFCOPY:False
```

3.2　NumPy 切片与索引

ndarray 对象的内容可以通过索引或切片来访问和修改，与 Python 中 list 的切片操作一样。ndarray 数组可以基于 0～n 的下标进行索引，切片对象可以通过内置的 slice 函数，并设置 start、stop 及 step 参数进行，从原数组中切割出一个新数组。

示例：slice()。

```
import numpy as np
a = np.arange(10)
s = slice(2,7,2)    # 从索引 2 开始到索引 7 停止,间隔为 2
print(a[s])
```

输出结果为：

[2 4 6]

以上实例中，首先通过 arange ( ) 函数创建 ndarray 对象。然后分别设置起始、终止和步长的参数为 2、7 和 2。

也可以通过冒号分隔切片参数 start: stop: step 来进行切片操作。

示例：start: stop: step 切片。

```
import numpy as np
a = np.arange(10)
b = a[2:7:2]   #从索引 2 开始到索引 7 停止,间隔为 2
print(b)
```

输出结果为：

[2 4 6]

冒号的解释：如果只放置一个参数，如 [2]，将返回与该索引相对应的单个元素。如果为 [2:]，表示从该索引开始以后的所有项都将被提取。如果使用了两个参数，如 [2:7]，那么则提取两个索引（不包括停止索引）之间的项。

示例：冒号。

```
import numpy as np
a = np.arange(10)   #[0 1 2 3 4 5 6 7 8 9]
b = a[5]
print(b)
print(a[2:])
print(a[2:5])
```

输出结果为：

5
[2 3 4 5 6 7 8 9]
[2 3 4]

多维数组同样适用上述索引提取方法：

```
import numpy as np
a = np. array([[1,2,3],[3,4,5],[4,5,6]])
print(a) # 从某个索引处开始切割
print('从数组索引 a[1:] 处开始切割')
print(a[1:])
```

输出结果为：

```
[[1 2 3]
 [3 4 5]
 [4 5 6]]从数组索引 a[1:]处开始切割[[3 4 5]
 [4 5 6]]
```

切片还可以包括省略号…，来使选择元组的长度与数组的维度相同。如果在行位置使用省略号，它将返回包含行中元素的 ndarray。

```
print (a[…,1]) # 第2列元素
print (a[1,…]) # 第2行元素
print (a[…,1:]) # 第2列及剩下的所有元素
```

输出结果为：

```
[2 4 5][3 4 5][[2 3]
 [4 5]
 [5 6]]
```

3.3 对 ndarray 进行数学运算

NumPy 的算术函数可以用于执行算术运算，但函数的输入数组必须具有相同的形状或符合数组广播规则。

示例： 加减乘除：np. add、np. subtract、np. multiply、np. divide。

示例代码如下：

```
import numpy as np
a = np.arange(9).reshape(3,3)
b = np.array([10,10,10])
print('加法运算:\n', np.add(a,b))
print('减法运算:\n', np.subtract(a,b))
print('乘法运算:\n', np.multiply(a,b))
print('除法运算:\n', np.divide(a,b))
```

运行上述程序，输出结果如图 3-1 所示。

```
加法运算:
[[10 11 12]
 [13 14 15]
 [16 17 18]]
减法运算:
[[-10  -9  -8]
 [ -7  -6  -5]
 [ -4  -3  -2]]
乘法运算:
[[ 0 10 20]
 [30 40 50]
 [60 70 80]]
除法运算:
[[0.  0.1 0.2]
 [0.3 0.4 0.5]
 [0.6 0.7 0.8]]
```

图 3-1　加减乘除运算

这里需要注意的是在 NumPy 中，非 0 数除以 0 的结果是 inf，0 除以 0 是 nan。

```
print('除法运算:', np.divide(0,0))
print('除法运算:', np.divide(2,0))
```

运行上述程序，输出结果如下：

```
除法运算: nan
除法运算: inf
RuntimeWarning:invalid value encountered in true_divide
    print('除法运算:', np.divide(0,0))
RuntimeWarning:divide by zero encountered in true_divide
    print('除法运算:', np.divide(2,0))
```

同时会有 warning，具体内容为 RuntimeWarning：invalid value encountered in true_divide，也就是说除法遇到了无效值。可以通过添加下列命令来忽略 warning：

```
np.seterr(divide = 'ignore', invalid = 'ignore')
```

示例：numpy.diff()。

沿着指定轴计算第 N 维的离散差值，示例代码如下：

```
import numpy as np
a = np.array([1,2,4,7,11,16,22])
print(np.diff(a))
```

输出结果如下：

```
[1 2 3 4 5 6]
```

示例：numpy.mod()。

返回两个输入数组中相应元素相除后的余数。函数 numpy.remainder() 具有相同的作用。

示例代码如下：

```
a = np.array([10,20,30])
b = np.array([3,5,7])
print('第一个数组:', a)
print('第二个数组:', b)
print('求余数运算 0:', np.mod(a,b))
print('求余数运算 1:', np.remainder(a,b))
```

运行上述程序，输出结果如下：

```
第一个数组：[10 20 30]
第二个数组：[3 5 7]
求余数运算 0：[1 0 2]
求余数运算 1：[1 0 2]
```

示例：numpy.reciprocal()。

返回数组的倒数。对于整数数组中绝对值大于 1 的元素，经过 Python 整数除法的方式处理后，结果始终为 0。

示例代码如下:

```
import numpy as np
np.seterr(divide = 'ignore')
a = np.array([0, 0.25, 1/3, 1.33, 1, 100])
print('原数组:', a)
print('倒数:', np.reciprocal(a))
b = np.array([1, 2, 10, 100], dtype = np.int)
print(b, '的倒数:', np.reciprocal(b))
c = np.array([1, 2, 10, 100], dtype = np.float)
print(c, '的倒数:', np.reciprocal(c))
```

运行上述程序,输出结果如下:

```
原数组:[0.  0.25  0.33333333  1.33  1.  100.]
倒数:[inf 4.  3.  0.7518797  1.  0.01]
[1 2 10 100] 的倒数:[1 0 0 0]
[1.  2.  10.  100.] 的倒数:[1.  0.5  0.1  0.01]
```

示例:numpy.power()。

将第一个输入数组中的元素作为底数,将第二个输入数组中的元素作为指数,做幂运算。示例代码如下:

```
import numpy as np
a = np.array([10,100,1000])
print('数组:', a)
print('幂函数:', np.power(a,2))
b = np.array([1,2,3])
print('幂函数:', np.power(a,b))
```

运行上述程序,输出结果如下:

```
数组:[10  100  1000]
幂函数:[100  10000  1000000]
幂函数:[10  10000  1000000000]
```

示例:numpy.sqrt()。

返回数组的平方根。如果输入数组中有负数,则对应的平方根输出为 NaN。示例代码如下：

```
import numpy as np
a = np.array([0, 1, 4, 9, 16, 25])
print(np.sqrt(a))
print(np.sqrt(16))
```

运行上述程序，输出结果如下：

```
[0. 1. 2. 3. 4. 5.]
4.0
```

NumPy 提供了很多常用的统计函数，用于从数组中的给定元素中查找最小值、最大值、百分位数标准偏差和方差等。

示例：numpy.amin()和 numpy.amax()。

函数沿指定轴从给定数组中的元素返回最小值或最大值。示例代码如下：

```
import numpy as np
a = np.array([[3,7,5],[8,4,3],[2,4,9]])
print('数组:\n', a)
print('最小值:', np.amin(a), '最大值:', np.amax(a))
print('每行的最小值:', np.amin(a, axis=1))
print('每列的最小值:', np.amin(a, axis=0))
print('每行的最大值:', np.amax(a, axis=1))
print('每列的最大值:', np.amax(a, axis=0))
```

运行上述程序，输出结果如图 3-2 所示。

```
数组:
[[3 7 5]
 [8 4 3]
 [2 4 9]]
最小值: 2  最大值: 9
每行的最小值:   [3 3 2]
每列的最小值:   [2 4 3]
每行的最大值:   [7 8 9]
每列的最大值:   [8 7 9]
```

图 3-2　行或列的最大/小值

示例：numpy.ptp()。

返回数组元素最大值和最小值的差，等同于 numpy.amax() - numpy.amin()。示例代码如下：

```python
import numpy as np
a = np.array([[3,7,5],[8,4,3],[2,4,9]])
print('数组:\n', a)
print('最小值:', np.amin(a), '最大值:', np.amax(a))
print('最大值与最小值的差:', np.amax(a) - np.amin(a))
print('最大值与最小值的差:', np.ptp(a))
print(np.amax(a, axis=1) - np.amin(a, axis=1))
print(np.ptp(a, axis=1))
print(np.amax(a, axis=0) - np.amin(a, axis=0))
print(np.ptp(a, axis=0))
```

运行上述程序，输出结果如图3-3所示。

```
数组:
[[3 7 5]
 [8 4 3]
 [2 4 9]]
最小值: 2 最大值: 9
最大值与最小值的差: 7
最大值与最小值的差: 7
[4 5 7]
[4 5 7]
[6 3 6]
[6 3 6]
```

图3-3 最大值与最小值的差

示例：numpy.median()。

返回数组的中位数。示例代码如下：

```python
import numpy as np
a = np.array([[30,65,70],[80,95,10],[50,90,60]])
print('数组:\n', a)
print('中位数:', np.median(a))
print('每行的中位数:', np.median(a, axis=1))
print('每列的中位数:', np.median(a, axis=0))
```

运行上述程序，输出结果如图 3-4 所示。

```
数组：
 [[30 65 70]
 [80 95 10]
 [50 90 60]]
中位数： 65.0
每行的中位数： [65. 80. 60.]
每列的中位数： [50. 90. 60.]
```

图 3-4　中位数

示例：numpy.mean( )和 numpy.average( )。

numpy.mean( )：返回数组的算术平均值，可以沿轴计算。

numpy.average(a, axis = None, weights = None, returned = False)：返回数组的加权平均值，等于数组与权重对应元素相乘求和，再除以权重值的和。如果未设定权重，等同于 numpy.mean。参数说明见表 3-6。

表 3-6　numpy.average 参数说明

参数	说明
a	输入数组
axis	沿其计算的轴
weights	权重参数，可选，默认为 None
returned	返回权重参数与否，如果设置为 True，则返回权重的和

numpy.mean 示例代码如下：

```
import numpy as np
a = np.array([[1,2,3],[3,4,5],[4,5,6]])
print('算术平均值:', np.mean(a))
print('每行的算术平均值:', np.mean(a, axis = 1))
print('每列的算术平均值:', np.mean(a, axis = 0))
```

运行上述程序，输出结果如下：

```
算术平均值: 3.6666666666666665
每行的算术平均值: [2. 4. 5.]
每列的算术平均值: [2.66666667 3.66666667 4.66666667]
```

numpy.average 示例代码如下：

```
import numpy as np
a = np.array([1,2,3,4,5])
# 不指定权重时相当于 mean 函数
print('算术平均值:', np.mean(a))
print('算术平均值:', np.average(a))
# 指定权重参数
wts = np.array([1,2,1,2,1])
print('加权平均值:', np.average(a,weights = wts))
print('加权平均值以及权重的和:', np.average([1,2,3,4], weights = [4,3,2,1], returned = True))
```

运行上述程序，输出结果如下：

```
算术平均值：3.0
算术平均值：3.0
加权平均值：3.0
加权平均值以及权重的和：(2.0, 10.0)
```

示例：numpy.std()和 numpy.var()。

numpy.var()：方差，mean((x - x.mean()) ** 2)。

numpy.std()：标准差，是方差的算术平方根。

示例代码如下：

```
import numpy as np
a = np.array([1,2,3,4])
print('方差:', np.mean((a - np.mean(a)) ** 2))
print('方差:', np.var(a))
print('标准差:', np.sqrt(np.var(a)))
print('标准差:', np.std(a))
```

运行上述程序，输出结果如下：

```
方差：1.25
方差：1.25
标准差：1.118033988749895
标准差：1.118033988749895
```

3.4 案例实施：基于 NumPy 的股票统计分析

股票市场变化很快，但是通过对历史数据的分析，也能发现一些规律，能对股民起到一定的辅助作用，本案例使用 NumPy 工具对股票交易中几个指标数据进行分析，得到一些新的分析指标，以下是具体分析步骤。

3.4.1 读入股票交易数据

```
import numpy as np
params = dict(
    fname = 'Tushare_data.csv',
    delimiter = ',',
    usecols = (1,2,3,4,5),
    unpack = True,
    skiprows = 1    # 这里需要注意的是会转换成 float,因此要跳过第一行
)
openprice,highprice,closeprice,lowprice,volume = np.loadtxt(**params)
print(openprice)      # 开盘价
print(highprice)      # 最高价
print(closeprice)     # 收盘价
print(lowprice)       # 最低价
print(volume)         # 成交量
```

输出结果如下：

[9.91 9.85 9.9 10.12 10.18 10.28 10.13 10.38 10.4 10.73 10.95
  11.01 10.7 10.49 10.03 10.]
[9.98 10.04 10.03 10.18 10.46 10.52 10.52 10.38 10.51 10.73
 11.07 11.38 11.35 10.87 10.61 10.24]
[9.88 10.02 9.83 9.97 10.15 10.35 10.38 10.15 10.43 10.35
 10.82 10.97 11. 10.77 10.59 10.11]

```
[ 9.67   9.73   9.7    9.85   10.05   9.98   10.05   9.91   10.07   10.02   10.42
 10.82  10.66  10.28   9.95   9.51]
[371024.72    403037.44    425117.    468867.31    416224.09    514386.25
 547808.19    562862.94    523435.22    921904.19    738088.69    647724.44
 737837.31    648425.25    827487.12    594674.38]
```

这里读取数据使用了 numpy.loadtxt 函数，需要传入 5 个关键字参数：

1）fname 是文件名，数据类型为 str。
2）delimiter 是分隔符，数据类型为 str。
3）usecols 是读取的列数，数据类型为元组，元组有多少个元素，就读取多少列。
4）unpack 是否解包，数据类型为 bool。
5）skiprows 可选，可以用于跳过第一行，数据类型为 int。

3.4.2　对数据进行统计分析

1. 计算成交量加权平均价格

成交量加权平均价格（Volume-Weighted Average Price，VWAP）是将多笔交易的价格按各自的成交量加权而算出的平均价，结合了成交量与价格动向，用来衡量某个证券交易的平均价格。

```
print('成交量加权平均价格:',np.average(closeprice,weights = volume))
```

输出结果如下：

```
成交量加权平均价格:10.426177483046587
```

2. 计算股票近期最高价的最大值和最低价的最小值

```
print('最高价的最大值:',highprice.max())
print('最低价的最小值:',lowprice.min())
```

输出结果如下：

```
最高价的最大值:11.38
最低价的最小值:9.51
```

3. 计算最高价的最大值和最小值的差，计算最低价的最大值和最小值的差

```
print('最高价的最大值和最小值的差:', highprice.ptp()) # highprice.max() – highprice.min()
print('最低价的最大值和最小值的差:', lowprice.ptp())
```

输出结果如下：

```
最高价的最大值和最小值的差：1.4000000000000004
最低价的最大值和最小值的差：1.3100000000000005
```

4. 计算收盘价的中位数

```
print('收盘价的中位数:', np.median(closeprice))
```

输出结果如下：

```
收盘价的中位数：10.35
```

5. 计算收盘价的方差

```
print('收盘价的方差:', np.var(closeprice))
```

输出结果如下：

```
收盘价的方差：0.13434335937499997
```

6. 计算年波动率和月波动率

年波动率：对数收益率的标准差除以其均值，再乘以交易日的平方根，通常交易日取252。

月波动率：对数收益率的标准差除以其均值，再乘以交易月的平方根，通常交易月取12。

对数收益率：所有价格取对数之后两两之间的差值。

```
logreturn = np.diff(np.log(closeprice))
print('对数收益率:', logreturn)
annual_vol = logreturn.std()/logreturn.mean() * np.sqrt(252)
```

```
print('年波动率:',annual_vol)
month_vol = logreturn.std()/logreturn.mean()*np.sqrt(12)
print('月波动率:',month_vol)
```

输出结果如下:

对数收益率:[0.01407058 -0.01914416 0.01414165 0.01789312 0.01951281
 0.00289436 -0.02240717 0.02721256 -0.00769975 0.04440975 0.013768
 0.002731 -0.02113078 -0.01685433 -0.04638513]
年波动率:235.82999709952244
月波动率:51.46232442141798

单元总结

通过本单元的学习,读者可以掌握 NumPy 中常用的函数,灵活运用,了解了 NumPy 的基本功能,为后续的学习奠定坚实基础。

本单元思维导图如图 3-5 所示。

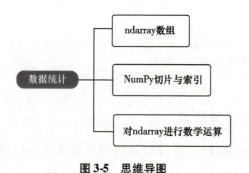

图 3-5 思维导图

本单元采用股票交易数据作为分析示例,应重点关注数据分析技术在案例中的使用,要了解技术最终是为了应用服务的。应树立正确的价值观,在法律允许的范围内合理利用所学技术,为社会创造价值。如果利用技术做违法的事情,必将受到法律的制裁。

评价考核

学习单元：数据统计			
课程性质：理实一体化课程		综合得分：	
知识掌握情况评分（40 分）			
序号	知识考核点	配分	得分
1	掌握 ndarray 数组中的属性	20	
2	掌握 NumPy 切片与索引	20	
工作任务完成情况评分（60 分）			
序号	能力操作考核点	配分	得分
1	使用 NumPy 读取文件	20	
2	平均数和加权平均数的计算	20	
3	使用 NumPy 进行数学运算	20	

习 题

一、单项选择题

（　　）方法是用来创建一个指定形状（shape）、数据类型（dtype）且未初始化的数组。

  A. numpy. empty   B. numpy. zeros

  C. numpy. ones   D. ndarray. dtype

二、填空题

1. NumPy 为_____并且由许多协作者共同维护开发。

2. NumPy 迭代器对象 numpy. nditer 提供了一种灵活访问一个或者多个数组元素的方式。迭代器最基本的任务是可以完成对_____的访问。

三、实操题

1. 给定一个数值，利用 NumPy 中的函数，求这个数四舍五入的值，并获取结果。

2. 计算给定数组中元素的最大值与最小值。

Unit 4

单元4
数据处理

单元概述

　　pandas 的开发者 Wes McKinney 是一位量化金融分析工程师,因为疲于应付繁杂的财务数据,他开发了 pandas(Python data analysis)。pandas 是一个强大的分析结构化数据的工具集,是经过 BSD(Berkeley Software Distribution)许可的开源 Python 库。pandas 基于 NumPy 开发,可以与其他第三方的科学计算库进行集成。pandas 可以读取各式文件,例如 CSV、JSON、SQL 和 Microsoft Excel 等,也可以对各种数据进行运算操作和数据处理。由于功能强大、使用便捷,pandas 被广泛应用于学术、金融、统计学等数据分析领域。

　　pandas 可以通过在命令行输入"pip install pandas"来进行安装,在 Python 中通常使用"import pandas as pd"进行导入。在本单元中,将学习 pandas 的两种主要的数据结构和数据分析常用命令。

学习目标

单元目标	
知识目标	掌握 pandas 库的数据结构类型和常用操作 掌握 pandas 库数据结构之间的相互运算 熟悉 pandas 的索引机制和函数的应用 掌握数据读取与写入以及数据分析的方法
能力目标	能够运用 pandas 库进行重复值、缺失值和异常值的处理 能够运用 pandas 库进行数据合并、数据抽取和数据转换 能够运用 pandas 库进行数据排列以及日期、字符串处理
素质目标	培养严谨认真的学习态度 提升对数据分析的预判能力,培养责任意识,提升职业素养
学习重难点	
重点	熟悉 pandas 库的功能与作用,掌握 pandas 库的数据结构和常用操作以及数据结构之间的相互运算,能够掌握数据的读取与写入并进行数据分析
难点	选择合适的数据分析方法,熟练运用 pandas 库进行数据分析与数据处理

4.1　pandas 数据结构

pandas 的数据结构主要有两种，分别是 Series 和 DataFrame，这两种数据结构足以处理金融、统计、社会科学、工程等领域里的大多数典型用例。Series 类似于一维数组的对象，它由一组数组以及与之相关的数据标签组成。DataFrame 是一个类似表格的数据结构，包含一组有序的列，每列都可以是不同的数据类型。DataFrame 既有行索引也有列索引，也可以看作由 Series 组成的字典。

4.1.1　数据结构的创建

Series 是一维标记的数组，能够保存任何类型的数据（整数、字符串、浮点数和 Python 对象等）。标签统称为索引，参数说明见表 4-1。

pandas.Series(data, index, dtype, copy)

表 4-1　pandas.Series 参数说明

说明	参数
data	数据采用各种形式，例如 ndarray、列表、常量
index	数据索引标签，必须长度与数据相同。如果未传递索引，则默认自动生成从 0 开始的整数索引
dtype	dtype 用于数据类型，默认会自己判断
copy	复制数据，默认为 False

DataFrame 是一个表格型的数据结构。它含有一组有序的列，每列都可以是不同的数据类型。DataFrame 既有行索引也有列索引，可以看作由 Series 组成的字典。DataFrame 与 Series 的关系如图 4-1 所示。

DataFrame 的创建使用 pandas.DataFrame 函数，参数说明见表 4-2。

pandas.DataFrame(data, index, columns, dtype, copy)

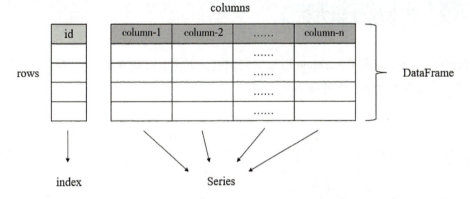

图 4-1　DataFrame 与 Series 的关系

表 4-2　pandas.DataFrame 参数说明

参数	说明
data	数据类型，例如 ndarray、series、map、list、dict 等
index	索引值或行标签
columns	列标签，可选，默认为 np.arange(n)
dtype	数据类型
copy	复制数据，默认为 False

示例：创建单列的 DataFrame。

```
import pandas as pd
data = [2,4,8,16]
df = pd.DataFrame(data)    # 单列的 DataFrame
print(df)
s = pd.Series(data)    # Series
print(s)
```

运行上述程序，输出结果如图 4-2 所示。

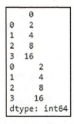

图 4-2　创建单列的 DataFrame

4.1.2 基本属性和方法

前面介绍了 Series 和 DataFrame 以及如何创建，下面学习基本属性和方法。

Series 的基本属性和方法见表 4-3。

表 4-3 Series 的基本属性和方法

属性或方法	说明
axes	返回一个行索引（标签）列表
index	返回行索引
dtypes	返回此对象中的数据类型
empty	如果 Series 完全为空，则返回 True；否则返回 False
ndim	Series 维度
size	返回元素个数
values	以 ndarray 的形式返回 Series 中的实际数据

在使用 Series 时，如果需要得到一些字符串的特性，例如判断是否包含一些特定的关键字符或者大小写转换等，就可以使用 Series.str 方法。Series.str 的数据类型为 pandas.core.strings.StringMethods，常用的方法见表 4-4。

这里需要注意的是由于 DataFrame 的列数据类型是 Series，因此 Series 的基本属性和方法以及 Series.str 的方法都适用于 DataFrame 的列。

表 4-4 Series.str 常用的方法

函数	说明
lower()	将 Series 中的字符串转换为小写
upper()	将 Series 中的字符串转换为大写
capitalize()	首字母大写
swapcase()	大写变小写，小写变大写
len()	计算字符串长度
strip()	将 Series 每个字符串两侧的空格去掉（包括换行符）
split(' ')	用给定的模式分割每个字符串，返回列表
cat(sep=' ')	用给定的分隔符连接 Series 中的元素
get_dummies()	返回具有 one-hot 形式的 DataFrame
contains(pattern)	如果子字符串包含在元素中，则为每个元素返回布尔值 True，否则返回 False

(续)

函数	说明
replace(a,b)	将字符串中的 a 替换为 b
repeat(value)	以指定的次数重复每个元素
count(pattern)	返回每个元素出现的次数
startswith(pattern)	如果 Series 中的元素以指定元素开头，则返回 True
endswith(pattern)	如果 Series 中的元素以指定元素结尾，则返回 True
find(pattern)	返回指定元素首次出现的第一个位置
findall(pattern)	返回所有指定元素出现的列表
islower()	检查字符串中的所有字符是否都小写，返回布尔值
isupper()	检查字符串中的所有字符是否都大写，返回布尔值
isnumeric()	检查字符串中的所有字符是否都是数字，返回布尔值

DataFrame 的基本属性和方法见表 4-5。

表 4-5　DataFrame 的基本属性和方法

属性或方法	说明
T	转置行和列
axes	返回行索引和列名的列表
index	返回行索引
columns	返回列名
dtypes	返回此对象中的 dtypes
empty	如果 DataFrame 完全为空，则为 True；否则为 False
ndim	DataFrame 维度
shape	返回表示 DataFrame 大小的元组
size	元素个数
values	以 ndarray 的形式返回 DataFrame 中的实际数据
astype()	数据类型转换
to_numpy()	输出实际数据的 NumPy 对象，不包含索引和列名

4.1.3 数据访问

示例：根据位置或索引输出 Series 对应元素。

```
import numpy as np
import pandas as pd
s = pd.Series([1,2,3,4,5], index = ['a','b','c','d','e'])
print(s[0])     # 输出第一个元素
print(s['a'])   # 输出索引 a 对应的元素
s[0] = 6        # 通过位置对元素进行修改
s['b'] = 7      # 通过索引对元素进行修改
print(s)
```

运行上述程序，输出结果如图 4-3 所示。

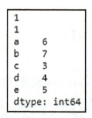

图 4-3　根据位置或索引输出 Series 对应元素

示例：检索元素。

```
import numpy as np
import pandas as pd
s = pd.Series([1,2,3,4,5], index = ['a','b','c','d','e'])
# 根据位置检索元素
print(s[:3])    # 检索前 3 个元素
print(s[-3:])   # 检索最后 3 个元素
# 根据索引检索元素
print(s[['a','c','d']])
```

运行上述程序，输出结果如图 4-4 所示。

```
a    1
b    2
c    3
dtype: int64
c    3
d    4
e    5
dtype: int64
a    1
c    3
d    4
dtype: int64
```

图 4-4　检索元素

示例：删除行。

pandas 可以使用索引标签从 DataFrame 中删除行。示例代码如下：

```
import pandas as pd
data = {'one':pd.Series([1, 2, 3], index = ['a', 'b', 'c']),
'two':pd.Series([1, 2, 4], index = ['a', 'b', 'd'])}
df = pd.DataFrame(data)
df = df.drop('a')    # 删除第 1 行
print(df)
```

运行上述程序，输出结果如下：

```
   one  two
b  2.0  2.0
c  3.0  NaN
d  NaN  4.0
```

示例：pd.DataFrame.loc( )。

loc 函数可以按照索引来进行行列选择。示例代码如下：

```
import pandas as pd
data = {'one':pd.Series([1, 2, 3], index = ['a', 'b', 'c']),
        'two':pd.Series([1, 2, 4], index = ['a', 'b', 'd']),
        'three':pd.Series([10, 20, 30, 40], index = ['a', 'b', 'c', 'd'])}
df = pd.DataFrame(data)
print('DataFrame:\n', df)
# 读取行：将行标签传递给 loc 函数来选择行，如果要读取多行，可以通过 DataFrame.loc[index1, index2,…]]来进行读取。
```

```
print("读取行索引为 b 的行:\n", df.loc['b'])
print("读取行索引为 b 和 c 的行:\n", df.loc['b':'c'])
print('读取全部数据:\n', df.loc[:])   # df.loc[:]等价于 df.loc[:,:]
# 读取列
print('读取列索引为'one'的列:\n', df.loc[:, 'one'])
print('读取列索引为'two'和'three'的列:\n', df.loc[:, ['two', 'three']])
# 读取区块:可以写成"[起始索引,终止索引]"或"起始索引:终止索引"
print("读取 index 为'c','d',column 为'two','three'的数据:\n", df.loc[['c', 'd'], ['two', 'three']])
```

运行上述程序,输出结果如图 4-5 所示。

```
DataFrame:
   one  two  three
a  1.0  1.0    10
b  2.0  2.0    20
c  3.0  NaN    30
d  NaN  4.0    40
读取行索引为b的行:
 one      2.0
two      2.0
three   20.0
Name: b, dtype: float64
读取行索引为b和c的行:
   one  two  three
b  2.0  2.0    20
c  3.0  NaN    30
读取全部数据:
   one  two  three
a  1.0  1.0    10
b  2.0  2.0    20
c  3.0  NaN    30
d  NaN  4.0    40
读取列索引为'one'的列:
a    1.0
b    2.0
c    3.0
d    NaN
Name: one, dtype: float64
读取列索引为'two'和'three'的列:
   two  three
a  1.0    10
b  2.0    20
c  NaN    30
d  4.0    40
读取index为'c','d',column为'two','three'的数据:
   two  three
c  NaN    30
d  4.0    40
```

图 4-5 loc 函数的使用

4.1.4 重置索引

重置索引分为两种,一种是将现有 DataFrame 的一列作为列标签;另一种是将 DataFrame 数据与其他数组或者 DataFrame 进行对齐。

示例：set_index( )和 reset_index( )。

set_index( )：将现有的一列设置为列标签。

reset_index( )：将原标签归为数据，重置为默认列标签。

```
import pandas as pd
df = pd.DataFrame([['a',1],['c',3],['b',2],['d',4]],columns = ['letter','num'])
print(df)
df1 = df.set_index('num')
print(df1)
print(df1.reset_index())
```

运行上述程序，输出结果如图 4-6 所示。

```
  letter  num
0      a    1
1      c    3
2      b    2
3      d    4
     letter
num
1         a
3         c
2         b
4         d
   num letter
0    1      a
1    3      c
2    2      b
3    4      d
```

图 4-6　set_ index 函数和 reset_ index 函数的使用

示例：rename( )。

rename( )：基于某些映射（字典或系列）或任意函数来重新标记轴。

```
import numpy as np
import pandas as pd
df = pd.DataFrame(np.random.randn(6,3),columns = ['col1','col2','col3'])
print(df)
print("更改行、列名:")
print(df.rename(columns = {'col1':'c1', 'col2':'c2', 'col3':'c3'}, index = {1:6, 3:7, 5:8}))
```

运行上述程序,输出结果如图 4-7 所示。

```
        col1      col2      col3
0    0.600627  0.811074  0.710926
1    0.174101 -1.614279  0.845389
2   -0.035817  0.706351 -0.432351
3   -0.474810  0.995436  0.123335
4    0.481561 -0.832400  0.616480
5   -1.187980 -2.109851 -0.445644
更改行、列名:
          c1        c2        c3
0    0.600627  0.811074  0.710926
6    0.174101 -1.614279  0.845389
2   -0.035817  0.706351 -0.432351
7   -0.474810  0.995436  0.123335
4    0.481561 -0.832400  0.616480
8   -1.187980 -2.109851 -0.445644
```

图 4-7　rename 函数的使用

4.2　运用 pandas 进行数据处理

4.2.1　数据读写

pandas 支持读取和写入多种数据类型,包括 CSV、txt、xlsx、JSON、HTML、SQL、SPSS、HDF5 等。读取一般通过 read_* 函数实现,写入通过 to_* 函数实现,这里 * 表示数据类型(小写)。例如,在数据分析中最常用的是 CSV 和 xlsx 文件,具体命令为:

```
pandas.DataFrame.to_csv(path_or_buf)        # CSV 文件
pandas.read_csv(filepath_or_buffer)
pandas.DataFrame.to_excel(excel_writer, sheet_name='Sheet1')    # xlsx 文件
pandas.read_excel(io, sheet_name=0)
```

4.2.2　数据清洗

数据处理中的数据清洗主要包括对空值、重复值和异常值的处理。空值也称为缺失值,一般可以选择删除或者进行填充。重复值一般在检测出来之后直接删除。异常值的判断往往依赖具体数据分析,一般是删除或替换。这里主要学习对空值和重复值的处理方法。

(1) 空值

空值是指现有数据集中某个或某些属性的值是不完整的。空值的产生原因主要分为机械原因和人为原因。机械原因是机械导致的数据损失,例如数据存储的失败、存储器的损坏、机械故障导致某段时间的数据未能收集等。人为原因是指由于人的主观失误、历史局

限或者有意隐瞒而造成的数据缺失，例如，在问卷调查或市场调查时，被访人拒绝透露相关问题的答案或者答案是无效的，也可能是数据录入人员失误导致漏录了部分数据。

在数据分析和建模的过程中，经常会遇到变量值缺失的情况。为了保证数据指标的完整性和可利用性，通常会对这些缺失值进行处理。下面学习如何找出并对空值进行处理。

这里需要注意的是，在 pandas 中进行计算时，默认不包含空值。

空值的处理通常有三种方法：

1）删除：将存在空值的样本删除或将缺失数据较多的特征删除。

2）补全：对于数值型数据，可以采用均值、中位数、固定值等填充；对于离散型数据，可以采用众数、固定值等填充，也可以训练一个模型来预测缺失数据，例如 K–means 聚类等方法进行补全。

3）不处理：有一些模型自身能够处理数据缺失的情况，在这种情况下不需要对数据进行任何处理。

这里通过示例学习如何删除或者补全空值。

示例：删除空值。

pandas 提供了 dropna 函数来删除空值，参数说明见表 4-6。

DataFrame.dropna（axis = 0, how = 'any', thresh = None, subset = None, inplace = False）

表 4-6　dropna 函数的参数说明

参数	说明
axis	默认为 0，表示有空值时删除整行；axis = 1 时，表示有空值时去掉整列
how	默认为 'any'，表示如果一行（或一列）里任何一个数据为空值则去掉整行（或列）；如果设置 how = 'all'，表示一行（或列）都缺失才去掉这整行（或列）
thresh	设置需要多少非空值的数据才可以保留下来
subset	设置想要检查的列。如果是多个列，可以使用列名的列表作为参数
inplace	如果设置为 True，将计算得到的值直接覆盖之前的值并返回 None，这里是对源数据进行修改

示例代码如下：

```
import numpy as np
import pandas as pd
data = {'Name':pd. Series(['张三', '李四', '王五', '赵六', '孙七']),
        'Math':pd. Series([88, 75, np. nan, 98, 59]),
        'Chinese':pd. Series([78, 88, 91, 69, 65]),
        'English':pd. Series([65, 95, 98, 72, np. nan]),
```

```
            'Nan':pd. Series([np. nan, np. nan, np. nan, np. nan, np. nan])}
df = pd. DataFrame(data)
print('删除有空值的行:\n', df. dropna())     # 如果有空值,则删除整行
print('删除有空值的列:\n', df. dropna(axis = 1))    # 如果有空值,则删除整列
print('删除全部为空值的列:\n', df. dropna(axis = 1, how = 'all'))    # 只有当所有值
都缺失时,才会删除
```

运行上述程序,输出结果如图 4-8 所示。

```
删除有空值的行:
 Empty DataFrame
Columns: [Name, Math, Chinese, English, Nan]
Index: []
删除有空值的列:
   Name  Chinese
0  张三      78
1  李四      88
2  王五      91
3  赵六      69
4  孙七      65
删除全部为空值的列:
   Name  Math  Chinese  English
0  张三   88.0     78     65.0
1  李四   75.0     88     95.0
2  王五   NaN      91     98.0
3  赵六   98.0     69     72.0
4  孙七   59.0     65     NaN
```

图 4-8 删除空值

示例:填充空值。

pandas 提供了多种填充空值的方法。DataFrame.fillna 函数可以用非空数据填充空值,其参数说明见表 4-7。

```
DataFrame. fillna(value = None, method = None, axis = None, inplace = False, limit = None)
```

表 4-7 DataFrame. fillna 函数参数说明

参数	说明
value	用来填充的值,不能是列表
method	默认为 None,取值为 {'backfill', 'bfill', 'pad', 'ffill', None} pad/ffill:表示用上一个有效值进行填充 backfill/bfill:表示用下一个有效值进行填充
axis	表示轴,{0 or 'index', 1 or 'columns'}

(续)

参数	说明
inplace	如果设置为 True，则计算得到的值直接覆盖之前的值并返回 None，这里是对原数据进行修改
limit	int，默认为 None，表示填充连续空值的最大数目，也就是说如果有超过这个值的连续空值，会部分填充；如果未指定 method，则表示全部填充

示例代码如下：

```python
import pandas as pd
import numpy as np
data = {'Name':pd.Series(['张三','李四','王五','赵六','孙七']),
        'Math':pd.Series([88, 75, np.nan, 98, 59]),
        'Chinese':pd.Series([78, 88, 91, 69, 65]),
        'English':pd.Series([65, 95, 98, 72, np.nan])}
df = pd.DataFrame(data)
print("Math:使用0填充空值:")
print(df['Math'].fillna(0))
print('English:使用均值填充空值:')
print(df['English'].fillna(np.mean(df['English'])))
```

运行上述程序，输出结果如图 4-9 所示。

```
Math：使用0填充空值：
0    88.0
1    75.0
2     0.0
3    98.0
4    59.0
Name: Math, dtype: float64
English：使用均值填充空值：
0    65.0
1    95.0
2    98.0
3    72.0
4    82.5
Name: English, dtype: float64
```

图 4-9　填充空值

(2) 重复值

重复值的处理过程主要包括检测重复值和删除重复值。pandas 通过 duplicated 函数来检测重复值，返回布尔值，出现重复值则返回 True，否则返回 False。通过 drop_duplicates 函数来删除重复值。

> pd. DataFrame. duplicated(subset = None, keep = 'first')

这里的 subset 参数为列标签或者列标签序列，默认使用所有列，keep 的取值范围为{'first', 'last', False}，默认为'first'，也就是第一次出现时标注为 True，其余都标注为 False；'last'表示除了最后一次出现标注为 True，其余时间都标注为 False。

> pd. DataFrame. drop_duplicates(subset = None, keep = 'first', inplace = False, ignore_index = False)

这里的 keep 默认值为'first'，表示删除重复项，并保留第一次出现的项；inplace 表示是在原数据上进行修改还是保留另外一个版本；ignore_index 表示是否重新索引。

示例：duplicated( )和 drop_duplicates( )。

```
import pandas as pd
df = pd. DataFrame( data = [['a',1],['a',2],['b',1],['b',2],['a',1]], columns = ['label','num'])
print( df)
print( df. duplicated( ))    # 这一行内容与之前某一行完全相同才会去掉
print( df. drop_duplicates( ))
```

运行上述程序，输出结果如图 4-10 所示。

```
   label  num
0    a    1
1    a    2
2    b    1
3    b    2
4    a    1
0    False
1    False
2    False
3    False
4    True
dtype: bool
   label  num
0    a    1
1    a    2
2    b    1
3    b    2
```

图 4-10　去掉重复值

设置 subset = 'label'。

```
print(df.duplicated('label'))   # 只要 label 之前出现过就去掉
print(df.drop_duplicates('label'))   # 不重新索引
print(df.drop_duplicates('label',ignore_index = True))   # 重新索引
```

运行上述程序，输出结果如图 4-11 所示。

```
0    False
1    True
2    False
3    True
4    True
dtype: bool
  label  num
0   a     1
2   b     1
  label  num
0   a     1
1   b     1
```

图 4-11　设置 subset 参数

（3）异常值

异常值的定义：

异常值在统计学上的全称是疑似异常值，也称作离群点（outlier），异常值的分析也称作离群点分析。异常值是指样本中出现的"极端值"，数据值看起来异常大或异常小，分布明显偏离其余的观测值。异常值分析是检验数据中是否存在不合常理的数据，在数据分析中，既不能忽视异常值的存在，也不能简单地把异常值从数据分析中剔除。

示例：

从图 4-12 中可以直观地看到离群点，离群点是孤立的一个数据点；从分布上来看，离群点远离数据集中的其他数据点。

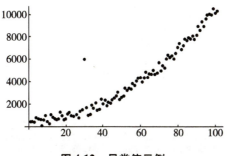

图 4-12　异常值示例

3σ 原则：

1）数值分布在（$\mu-\sigma$，$\mu+\sigma$）中的概率为 0.6827。

2）数值分布在（$\mu-2\sigma$，$\mu+2\sigma$）中的概率为 0.9545。

3）数值分布在（$\mu-3\sigma$，$\mu+3\sigma$）中的概率为 0.9973。

这个原则有个条件：数据需要服从正态分布。使用 K-S 检验一个数列是否服从正态分布、两个数列是否服从相同的分布。值得一提的是，如果有些特征不符合高斯分布，可以通过一些函数变换（Z-score、Box-Cox），使其符合正态分布，再使用基于统计的方法。

4.2.3　数据转换

不管是为 pandas 对象应用自定义函数，还是应用第三方函数，都离不开以下几种方法：

1）pipe( )：用于对整个 DataFrame 进行操作。

2）apply( )/transform( )：用于对行或列来进行操作。

3）applymap( )：用于按元素进行操作。

示例：transform( )。

transform 函数可以对 DataFrame 进行运算，而且可以同时计算多个函数的结果。示例代码如下：

```
import numpy as np
import pandas as pd
df = pd.DataFrame(np.random.randn(3,3),columns = ['col1','col2','col3'])
print(df)
print(df.transform(lambda x:x * 100))
print(df.transform([np.exp, lambda x:x * 100]))# 多个函数
```

运行上述程序，输出结果如图 4-13 所示。

```
        col1      col2      col3
0  -0.409774 -0.048523 -0.311252
1   0.702884 -1.796229  0.657713
2   0.012835  0.366379 -0.559891
        col1      col2      col3
0 -40.977356  -4.852314 -31.125242
1  70.288433 -179.622944  65.771315
2   1.283538  36.637936 -55.989051
        col1                col2               col3
         exp   <lambda>      exp   <lambda>      exp   <lambda>
0   0.663801 -40.977356  0.952635  -4.852314  0.732529 -31.125242
1   2.019569  70.288433  0.165923 -179.622944  1.930373  65.771315
2   1.012918   1.283538  1.442502  36.637936  0.571272 -55.989051
```

图 4-13　transform 函数输出结果

4.2.4 数据合并与拼接

pandas 提供了多种方法对 DataFrame 进行合并或拼接，常用的包括 concat、merge、join 和 append，本单元主要介绍如何使用 append 函数。

append 只能在 axis=0 上进行合并。

pandas.DataFrame.append(self,other,ignore_index=False,sort=False)

示例：append()。

```
import pandas as pd
df1 = pd.DataFrame({'A':[0,1,2],'B':[3,4,5]})
df2 = pd.DataFrame({'a':[1,2,3],'c':[4,5,6]})
df1.append(df2)
```

运行上述程序，输出结果如图 4-14 所示。

	A	B	a	c
0	0.0	3.0	NaN	NaN
1	1.0	4.0	NaN	NaN
2	2.0	5.0	NaN	NaN
0	NaN	NaN	1.0	4.0
1	NaN	NaN	2.0	5.0
2	NaN	NaN	3.0	6.0

图 4-14　append 函数输出结果

4.3　运用 pandas 进行数据统计

4.3.1　统计方法

统计方法有助于理解和分析数据的行为，本单元介绍用于 pandas 对象的统计函数。

示例：head()、tail()和 sample()。

head()：返回前 n 行，默认 n=5。

tail()：返回最后 n 行，默认 n=5。

sample()：随机抽取 n 行，不指定参数时，sample 函数默认随机抽取 1 行数据。

示例代码如下：

```
import numpy as np
import pandas as pd
s = pd.Series(np.random.randn(5), index = ['r1','r2','r3','r4','r5'])
print("前 3 行:\n", s.head(3))
print("后 2 行:\n", s.tail(2))
data = {'Name':pd.Series(['Tom','James','Ricky','Vin','Steve','Smith','Jack']),
        'Age':pd.Series([25,26,25,23,30,29,23]),
        'Rating':pd.Series([4.23,3.24,3.98,2.56,3.20,4.6,3.8])}
df = pd.DataFrame(data)
print("前 5 行:\n", df.head())
print("后 4 行:\n", df.tail(4))
print("随机 1 行:\n", df.sample(1))
```

运行上述程序，输出结果如图 4-15 所示。

图 4-15　head、tail 和 sample 函数的使用

示例：describe()。

describe()：主要介绍数据集各列的数据统计情况（最大值、最小值、标准偏差、分位数等）。对于非数值型 Series 对象，返回值的总数、唯一值数量、出现次数最多的值和出现的次数。对于混合型的 DataFrame 对象，返回数值列的汇总统计量，如果没有数值列，则只

显示类别型的列。其参数说明见表 4-8。

> pd.DataFrame/Series.describe(percentiles = None, include = None, exclude = None, datetime_is_numeric = False)

表 4-8 describe 的参数说明

参数	说明
percentiles	指定输出结果包含的分位数
include	参数的值为列表，用该参数可以控制包含的数据类型。可以取值为 all，表示所有输入的数据类型都被输出
exclude	参数的值为列表，用该参数可以控制排除的数据类型。默认为 None，表示不排除任何数据类型
datetime_is_numeric	布尔类型，默认为 Fasle，表示是否将 datetime 的数据类型视为数字

示例代码如下：

```
import pandas as pd
d = {'Name':pd.Series(['Tom','James','Ricky','Vin','Steve','Smith','Jack',
    'Lee','David','Gasper','Betina','Andres']),
    'Age':pd.Series([25,26,25,23,30,29,23,34,40,30,51,46]),
    'Rating':pd.Series([4.23,3.24,3.98,2.56,3.20,4.6,3.8,3.78,2.98,4.80,
4.10,3.65])
}

df = pd.DataFrame(d)
print(df.describe())
```

运行上述程序，输出结果如图 4-16 所示。

```
              Age     Rating
count    12.000000  12.000000
mean     31.833333   3.743333
std       9.232682   0.661628
min      23.000000   2.560000
25%      25.000000   3.230000
50%      29.500000   3.790000
75%      35.500000   4.132500
max      51.000000   4.800000
```

图 4-16 describe 函数

此函数提供平均值、std 和 IQR 值,但是默认只统计数值型列的信息。

示例:info( )。

info( ):主要介绍数据集各列的数据类型是否为空值,表示内存占用情况。

```
import pandas as pd
d = {'Name':pd.Series(['Tom','James','Ricky','Vin','Steve','Smith','Jack',
    'Lee','David','Gasper','Betina','Andres']),
    'Age':pd.Series([25,26,25,23,30,29,23,34,40,30,51,46]),
    'Rating':pd.Series([4.23,3.24,3.98,2.56,3.20,4.6,3.8,3.78,2.98,4.80,
4.10,3.65])
}
df = pd.DataFrame(d)
print(df.info())
```

运行上述程序,输出结果如图 4-17 所示。

```
<class 'pandas.core.frame.DataFrame'>
RangeIndex: 12 entries, 0 to 11
Data columns (total 3 columns):
 #   Column  Non-Null Count  Dtype
---  ------  --------------  -----
 0   Name    12 non-null     object
 1   Age     12 non-null     int64
 2   Rating  12 non-null     float64
dtypes: float64(1), int64(1), object(1)
memory usage: 416.0+ bytes
None
```

图 4-17 info 函数输出结果

其他常见的统计函数见表 4-9。这些函数用于 DataFrame 时,默认都是按列进行统计(axis=0);可以将 axis 赋值为 1,将 DataFrame 按行进行统计。

表 4-9 pandas 常用统计函数

函数	说明
sum( )	求和,默认 axis=0,按列求和
mean( )	平均值,默认 axis=0
std( )	标准差
count( )	非空值个数,也就是非 NaN 值的数量
median( )	中位数
mode( )	众数,默认 axis=0,由于众数可能是多个,返回的是 DataFrame
min( )	最小值

(续)

函数	说明
max()	最大值
abs()	绝对值,返回的是 DataFrame
prod()	乘积
cumsum()	求和累计
cumprod()	乘积累计

示例:pandas.DataFrame 常用统计函数。

```
import numpy as np
import pandas as pd
data = np.random.randint(-10,10,25).reshape(5,5)
df = pd.DataFrame(data, index = ['a','b','c','d','e'])
```

常用统计函数:

```
# 分行列,默认为 axis = 0,即按列进行计算
# 结果大多是 <class 'pandas.core.series.Series'>,这里直接将结果数据提取出来,去掉了列索引
print("求和(按列):", df.sum().values, ",求和(按行):", df.sum(axis = 1).values)
print("平均值:", df.mean().values)
print("标准差:", df.std().values)
print("非空值个数:", df.count().values)
print("中位数:", df.median().values)
print("众数(按列):\n", df.mode())    # 因为众数可能有多个,因此返回的是个 DataFrame,如果没有众数会从小到大进行排序
print("最小值:", df.min().values, ",最大值:", df.max().values)
print("绝对值:\n", df.abs())
print("乘积:", df.prod().values)
print("求和累积:\n", df.cumsum())
print("乘积累积:\n", df.cumprod())
```

运行上述程序,输出结果如图 4-18 所示。

```
求和（按列）：[ 3 -2 14 -7 35]，求和（按行）：[ 8 -6  8 15 18]
平均值：[ 0.6 -0.4 2.8 -1.4 7.]
标准差：[6.50384502 2.88097206 5.80517011 5.63914887 1.58113883]
非空值个数：[5 5 5 5 5]
中位数：[ 0. -1.  5. -4.  7.]
众数（按列）：
      0   1   2    3   4
0  -9  -4  -6  -4.0   5
1  -1  -2   0   NaN   6
2   0  -1   5   NaN   7
3   5   2   7   NaN   8
4   8   3   8   NaN   9
最小值：[-9 -4 -6 -8 5]，最大值：[8 3 8 5 9]
绝对值：
   0  1  2  3  4
a  8  2  0  8  6
b  1  2  6  4  7
c  9  3  5  4  5
d  5  1  7  4  8
e  0  4  8  5  9
乘积：[    0   -48     0 -2560 15120]
求和累积：
   0  1   2    3   4
a  8  2   0   -8   6
b  7  0  -6  -12  13
c -2  3  -1   -8  18
d  3  2   6  -12  26
e  3 -2  14   -7  35
乘积累积：
     0   1    2      3      4
a    8   2    0     -8      6
b   -8  -4    0     32     42
c   72 -12    0    128    210
d  360  12    0   -512   1680
e    0 -48    0  -2560  15120
```

图 4-18 常用统计函数的输出结果

4.3.2 数据排序

pandas 可以通过标签或者真实值进行排序。

示例：sort_index( )。

sort_index( )：按标签排序，参数说明见表 4-10。

> pandas.DataFrame.sort_index (axis = 0, level = None, ascending = True, inplace = False, kind = 'quicksort', na_position = 'last', ignore_index = False, key = None)

表 4-10 DataFrame.sort_index 参数说明

参数	说明
axis	{0 or 'index', 1 or 'columns'}，默认为 0
level	默认 None，否则对指定索引级别中的值进行排序
ascending	布尔型，Ture 表示升序，False 表示降序。如果 by =［'列名 1'，'列名 2'］，则该参数可以为［True，False］，表示第一字段升序，第二字段降序
inplace	布尔型，是否用排序后的数据代替现有数据
kind	排序方法，{'quicksort', 'mergesort', 'heapsort'}，默认为快速排序方法

(续)

参数	说明
na_position	{'first', 'last'}，默认值为 last，也就是默认空值排在最后
ignore_index	默认为 False，如果为 True，则会将索引表示为 0，1，…，n－1
key	默认为 None，否则表示对索引值应用 key 函数进行排序

示例代码如下：

```
import pandas as pd
df = pd.DataFrame({'a':[1,2,3,2], 'c':[2,1,4,3], 'b':[4,2,3,1]}, index=[0,2,1,3])
print(df)
print("按照行标签升序排序：\n", df.sort_index(axis=0, ascending=True))
print("按照列标签降序排序：\n", df.sort_index(axis=1, ascending=False))
```

运行上述程序，输出结果如图 4-19 所示。

```
   a  c  b
0  1  2  4
2  2  1  2
1  3  4  3
3  2  3  1
按照行标签升序排序：
   a  c  b
0  1  2  4
1  3  4  3
2  2  1  2
3  2  3  1
按照列标签降序排序：
   c  b  a
0  2  4  1
2  1  2  2
1  4  3  3
3  3  1  2
```

图 4-19 按照标签进行排序

示例：sort_values( )。

sort_values( )：可以根据列数据或者行数据进行排序。

pandas.DataFrame.sort_values(by, axis=0, ascending=True, inplace=False, kind='quicksort', na_position='lase', ignore_index=False, key=None)

其中，by 参数用来指定哪几行或者哪几列，用来指定排序的值，其余参数与 sort_index 基本相同。示例代码如下：

```python
import pandas as pd
df = pd.DataFrame({'a':[1,2,3,2], 'c':[2,1,4,3], 'b':[4,2,3,1]}, index = [0,2,1,3])
print("按照c列的值进行排序:\n", df.sort_values(by = 'c'))
print("按照a,b列的值进行排序:\n", df.sort_values(by = ['a', 'b']))  # 先按a的值从小到大排序,再按b的值从小到大排序,注意这里的a=2
print("按行排序:\n", df.sort_values(by = 2, axis = 1))
```

运行上述程序,输出结果如图 4-20 所示。

```
按照c列的值进行排序:
   a  c  b
2  2  1  2
0  1  2  4
3  2  3  1
1  3  4  3
按照a,b列的值进行排序:
   a  c  b
0  1  2  4
3  2  3  1
2  2  1  2
1  3  4  3
按行排序:
   c  a  b
0  2  1  4
2  1  2  2
1  4  3  3
3  3  2  1
```

图 4-20 根据数据进行排序

这里需要注意的是当指定多列(多行)进行排序时,先按照前面列的数值进行排序,如果有相同数据,则再按照相同数据的下一个列的数据进行排序。如果内部没有重复数据,则后续排序不执行。

4.3.3 GroupBy

pandas 提供了一个灵活高效的 GroupBy 功能,可以让用户以一种自然的方式对数据集进行切片、切块、摘要等操作。根据一个或多个键(可以是函数、数组或 DataFrame 列名)拆分 pandas 对象,计算分组摘要统计,如计数、平均值、标准差或用户自定义函数。

示例:首先读入数据,然后尝试直接打印 df.groupby ('Department'),具体代码如下:

```
import pandas as pd
# PD(Personnel Department):人事部,PDD(Research and Development Department):
研发部,SD(Sales Department):销售部
```

```
df = pd.DataFrame(
{'Department':['PDD','SD','PD','PDD','SD','PDD','SD','PD','PDD','SD'],
'Name':['Tom','Jery','Andy','Li','Mary','Bread','Tony','Maggie','Jeff','Sean'],
'Sex':['Male','Male','Male','Male','Female','Male','Male','Female','Male','Female']})
print(df)
print(df.groupby('Department'))
```

运行上述程序，输出结果如图4-21所示。

```
   Department   Name    Sex
0      PDD      Tom    Male
1       SD     Jery    Male
2       PD     Andy    Male
3      PDD       Li    Male
4       SD     Mary  Female
5      PDD    Bread    Male
6       SD     Tony    Male
7       PD   Maggie  Female
8      PDD     Jeff    Male
9       SD     Sean  Female
<pandas.core.groupby.generic.DataFrameGroupBy object at 0x000002979ACB3520>
```

图4-21　输出数据

从上述结果可知，返回的是数据类型和地址，因此将其转化为列表，即：

```
print(list(df.groupby('Department')))
```

运行上述程序，输出结果如图4-22所示。

```
[('PD',   Department    Name     Sex
2            PD    Andy    Male
7            PD  Maggie  Female), ('PDD',   Department   Name     Sex
0           PDD     Tom    Male
3           PDD      Li    Male
5           PDD   Bread    Male
8           PDD    Jeff    Male), ('SD',   Department   Name     Sex
1            SD    Jery    Male
4            SD    Mary  Female
6            SD    Tony    Male
9            SD    Sean  Female)]
```

图4-22　将结果转化为列表

也就是说，GroupBy 的过程就是将原有的 DataFrame 按照 GroupBy 的字段划分成若干个分组，操作过程如图4-23所示。

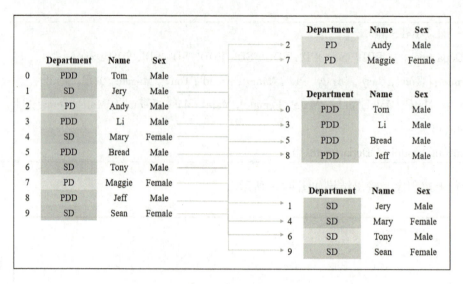

图 4-23　GroupBy 操作过程

示例：GroupBy 运算。

首先读入数据：

```
import pandas as pd
# PD（Personnel Department）：人事部，PDD（Research and Development Department）：研发部，SD（Sales Department）：销售部
df = pd.DataFrame(
{'Department':['PDD','SD','PD','PDD','SD','PDD','SD','PD','PDD','SD','PD','PD'],
'Name':['Tom', 'Jery', 'Andy', 'Li', 'Mary','Bread','Tony', 'Maggie','Jeff','Sean', 'Allen', 'Emery'],
'Sex':['Male','Male','Male','Male','Female','Male','Male','Female','Male','Female','Female','Female'],
'Age':[35,25,30,22,49,40,33,19,51,18,23,26],
'Salary':[12000,8000,7500,15000,20000,14000,10000,5000,16000,4500,6500,5500]})
```

然后对其进行统计运算，具体代码如下：

```
print('统计不同部门的平均工资:\n', df.groupby('Department')['Salary'].mean())
print('统计不同性别的平均工资:\n', df.groupby('Sex')['Salary'].mean())
print('统计不同部门不同性别的平均工资:\n', df.groupby(['Department','Sex']).mean())
print('统计不同部门的最高工资:\n', df.groupby('Department')['Salary'].max())
```

运行上述程序，输出结果如图 4-24 所示。

```
统计不同部门的平均工资：
 Department
PD       6125
PDD     14250
SD      10625
Name: Salary, dtype: int64
统计不同性别的平均工资：
 Sex
Female     8300.000000
Male      11785.714286
Name: Salary, dtype: float64
统计不同部门不同性别的平均工资：
                        Age        Salary
Department Sex
PD         Female   22.666667    5666.666667
           Male     30.000000    7500.000000
PDD        Male     37.000000   14250.000000
SD         Female   33.500000   12250.000000
           Male     29.000000    9000.000000
统计不同部门的最高工资：
 Department
PD       7500
PDD     16000
SD      20000
Name: Salary, dtype: int64
```

图 4-24　GroupBy 运算

示例：agg 聚合。

agg 聚合是 GroupBy 中非常常见的操作。pandas 常见的聚合操作包括求最大值（max）、最小值（min）、求和（sum）、均值（mean）、中位数（median）、标准差（std）、方差（var）、计数（count）等。

```
df.groupby('Department').agg('mean')    # 对数字求平均值
df.groupby('Department').agg(['mean', 'median']) # 多个函数可以放在一个列表中
```

运行上述程序，输出结果如图 4-25 所示。

	Age		Salary	
	mean	median	mean	median
Department				
PD	24.50	24.5	6125	6000
PDD	37.00	37.5	14250	14500
SD	31.25	29.0	10625	9000

a)

	Age	Salary
Department		
PD	24.50	6125.0
PDD	37.00	14250.0
SD	31.25	10625.0

b)

图 4-25　输出结果

a) agg('mean')　b) agg(['mean', 'median'])

使用字典也可以对特定列应用多个函数，例如计算不同部门的薪水的中位数和平均年龄的代码如下：

df. groupby('Department'). agg({'Salary':'median', 'Age':'mean'})

运行上述程序，输出结果如图 4-26 所示。

Department	Salary	Age
PD	6000	24.50
PDD	14500	37.00
SD	9000	31.25

图 4-26　agg（{'Salary'：'median', 'Age'：'mean'}）输出结果

4.3.4　运用 pandas 进行日期处理

pandas 提供了一些强大的工具来处理时间序列数据，下面对此进行介绍。

示例：pandas. datetime. now( )。

datetime. now( )：提供当前日期和时间。

```
import pandas as pd
print(pd. datetime. now())
```

运行上述程序，输出结果如下：

2021 - 09 - 08 16:15:41. 624601

示例：pandas. to_datetime( )。

pandas. to_datetime：转换为时间格式，NaT 意味着不是一个时间。

```
import pandas as pd
print(pd. to_datetime(pd. Series(['Jul 31, 2009','2010 - 01 - 10', None])))
```

运行上述程序，输出结果如下：

```
0    2009 - 07 - 31
1    2010 - 01 - 10
2         NaT
dtype:datetime64[ns]
```

4.4 案例实施：药品销售数据分析

4.4.1 提出问题

根据背景描述，以 A 医院的药品销售数据为例，根据提供的销售记录，需要得到以下几个指标：

1) 月消费次数：也就是总的消费次数除以月份数，往往也是销售部门重要的指标之一。但要注意的是，同一天同一个人的消费为一次消费。

2) 月均消费金额：总的消费金额除以月份数，主要作为部门收益的一个指标。

3) 客单价：也就是平均交易金额，即月均消费金额/月消费次数。销售部门决定是否需要提高客单价来提高收益。

4) 消费趋势：将每月的销售数量、应收金额和实收金额按月进行统计，查看消费变化趋势，并分析原因以助决策者进行参考。

5) 药品销量情况：得到销售数量最多的前十种药品信息，这些信息将会有助于加强医院对药房的管理。

总之，通过分析以上指标就是要了解销售部门这段时间销售的业绩如何、收益怎么样、是否可以通过提高客单价来增加收益、哪几个月份销售量较大，以及哪几种药品销量可观，便于医院决策者经营管理。

4.4.2 数据准备

1. 销售数据基本状况

数据源自 A 医院的药品销售数据，包括 Datetime、User_ID、Product_ID、Product_name、Sales_volume、Amount_receivable、Amount_received，具体含义见表 4-11。

表 4-11 药品销售表的数据说明

名称	含义
Datetime	销售时间
User_ID	社保卡号
Product_ID	商品编号
Product_name	商品名称

(续)

名称	含义
Sales_volume	销售数量
Amount_receivable	应收金额
Amount_received	实收金额

2. 使用 pandas 读取数据

首先导入包，然后读取数据文件，数据是存在 Excel 中的，可以使用 pandas 的 Excel 文件读取函数将数据读取到内存中，这里需要注意的是文件名和 Excel 中的 sheet 页的名字，并使用 object 读取，防止有些数据读不了。

1）导入数据分析包，代码如下：

```
import numpy as np
from pandas import Series,DataFrame
import pandas as pd
```

2）读取数据文件，代码如下：

```
file_name = 'D:\\Python\\A 医院药品销售数据.xlsx'
xls = pd.ExcelFile(file_name)
dataDF = xls.parse('Sheet1',dtype = 'object')
dataDF.head()  # 只列出前 5 行数据
```

输出结果如图 4-27 所示。

	Datetime	User_ID	Product_ID	Product_name	Sales_volume	Amount_receivable	Amount_received
0	2018-01-01 星期五	001616528	236701	强力VC银翘片	6	82.8	69
1	2018-01-02 星期六	001616528	236701	清热解毒口服液	1	28	24.64
2	2018-01-06 星期三	0012602828	236701	感康	2	16.8	15
3	2018-01-11 星期一	0010070343428	236701	三九感冒灵	1	28	28
4	2018-01-15 星期五	00101554328	236701	三九感冒灵	8	224	208

图 4-27 读取文件前 5 行数据

3）查看每一列的列表头内容，代码如下：

```
dataDF.columns
```

输出结果如图 4-28 所示。

```
Index(['Datetime', 'User_ID', 'Product_ID', 'Product_name', 'Sales_volume',
       'Amount_receivable', 'Amount_received'],
      dtype='object')
```

图 4-28　查看每一列的列表头

4）查看每一列数据统计数目，代码如下：

```
dataDF.count()
```

输出结果如图 4-29 所示，可以看出 Datetime 和 User_ID 的统计数目为 6576，而其他的统计数目为 6577，所以 Datetime 和 User_ID 存在缺失值。

```
Datetime             6576
User_ID              6576
Product_ID           6577
Product_name         6577
Sales_volume         6577
Amount_receivable    6577
Amount_received      6577
dtype: int64
```

图 4-29　查看每一列数据统计数目

5）查看索引，代码如下：

```
dataDF.index
```

输出结果如下：

```
RangeIndex(start=0, stop=6578, step=1)
```

6）查看数据集大小，代码如下：

```
dataDF.shape
```

输出结果如下：

```
(6578, 7)
```

7）查看每一列的数据类型，代码如下：

```
dataDF.dtypes
```

输出结果如图 4-30 所示。

```
Datetime           object
User_ID            object
Product_ID         object
Product_name       object
Sales_volume       object
Amount_receivable  object
Amount_received    object
dtype: object
```

图 4-30　查看每一列的数据类型

8）查看每一列的描述性统计，代码如下：

```
dataDF.describe()
```

输出结果如图 4-31 所示。

	Datetime	User_ID	Product_ID	Product_name	Sales_volume	Amount_receivable	Amount_received
count	6576	6576	6577	6577	6577	6577.0	6577.0
unique	202	2426	86	78	28	443.0	774.0
top	2018-04-15 星期五	001616528	2367011	苯磺酸氨氯地平片(安内真)	2	56.0	50.0
freq	228	253	622	899	3345	361.0	215.0

图 4-31　查看每一列描述性统计

通过以上分析，可以看到该数据集一共有 6578 行数据，第一行是标题，数据共有 7 列。DateTime 和 User_ID 有 6576 条数据，其余的有 6577 条，说明数据中存在空值。DateTime 和 User_ID 各缺失一行数据，在这里要对数据的空值进一步处理。

4.4.3　数据预处理

数据预处理（或称数据清洗）往往是数据分析工作中时间占比最大的工作，操作难度虽然不大，但是数据繁杂，需要处理人员具有耐心、仔细的工作态度。主要包括以下几个步骤：选择子集、列名重命名、缺失数据处理、数据类型转换、数据排序、异常值处理等。同时可以对上述流程进行重复操作，以保证数据清洗的效果。

从 A 医院药品销售数据中可以发现，每一列的列名都是英文，将其改为中文会更准确。同时，DateTime 列的数据应该重点关注日期而不是星期几，所以考虑去除星期部分，并将其数据类型改为时间日期类型。部分数据行不符合日期格式的数值会被转换为空值，这些数据行也需要被删除。

在 Excel 表中，对数据进行筛选时发现，表中 DateTime 和 User_ID 两列存在空值，所以进行数据处理之前需要删除缺失的数据行。

Sales_volume、Amount_receivable、Amount_received 的数据类型改为 float 类型更为合理，修改类型后可以对 float 类型数据排序，同时通过显示描述信息可以发现不符合逻辑的负数销售金额，这样的数据行也需要删除。

1. 选择子集

在获取到的数据中，可能数据量非常庞大，并不是每一列都有价值需要进行分析，这时候就需要从整个数据中选取合适的子集进行分析，尽可能从数据中获取最大价值。在本案例中不需要选取子集，暂时可以忽略这一步。

2. 列名重命名

在数据分析过程中，有些列名和数据容易混淆或产生歧义，不利于数据分析，这时候需要把列名换成容易理解的名称，可以采用 rename 函数实现。

将所有英文列名改为中文，"Datetime"改为"销售时间"，"User_ID"改为"社保卡号"，"Product_ID"改为"商品编码"，"Product_name"改为"商品名称"，"Sales_volume"改为"销售数量"，"Amount_receivable"改为"应收金额"，"Amount_received"改为"实收金额"，具体代码如下：

```
colNameDict = {'Datetime':'销售时间','User_ID':'社保卡号','Product_ID':'商品编码',
'Product_name':'商品名称','Sales_volume':'销售数量','Amount_receivable':'应收金额',
'Amount_received':'实收金额'}
dataDF.rename( columns = colNameDict ,inplace = True )
dataDF.head( 3 )
```

输出结果如图 4-32 所示。

	销售时间	社保卡号	商品编码	商品名称	销售数量	应收金额	实收金额
0	2018-01-01 星期五	001616528	236701	强力VC银翘片	6	82.8	69
1	2018-01-02 星期六	001616528	236701	清热解毒口服液	1	28	24.64
2	2018-01-06 星期三	0012602828	236701	感康	2	16.8	15

图 4-32 列名重命名

3. 缺失数据处理

Python 中的空值有 3 种类型：

1）Python 内置的 None 值。

2）在 pandas 中，将空值表示为 NA，表示不可用，即 Not Available。

3）对于数值数据，pandas 使用浮点值 NaN（Not a Number）表示缺失数据。如果报错时有 float 错误字样，则是有空值，需要处理。

本案例通过查看基本信息可以推测 Datetime 和 User_ID 这两列存在空值，如果不处理则会干扰后面的数据分析结果。常用的处理方式为删除含有缺失数据的记录或者利用算法补全缺失数据。在本案例中直接使用 dropna 函数删除缺失数据，具体如下：

```
print('缺失值处理前数据信息',dataDF.shape)
dataDF = dataDF.dropna(subset=['销售时间','社保卡号'],how='any')
print('缺失值处理后数据信息',dataDF.shape)
```

输出结果：

```
缺失值处理前数据信息 (6578,7)
缺失值处理后数据信息 (6575,7)
```

4. 数据类型转换

在导入数据时，为了防止有些数据无法导入，强制所有数据都是 object 类型。但在实际数据分析过程中，销售数量、应收金额和实收金额这几列需要改为浮点型（float）数据，因此需要对数据类型进行转换。

在销售时间这一列数据中存在星期这样的数据，但在数据分析过程中不需要用到，因此要把销售时间列中的日期和星期使用 split 函数进行分割，分割后的时间返回的是 Series 数据类型。

1）将销售数量、应收金额和实收金额改为浮点型（float）数据，代码如下：

```
dataDF['销售数量'] = dataDF['销售数量'].astype('float')
dataDF['应收金额'] = dataDF['应收金额'].astype('float')
dataDF['实收金额'] = dataDF['实收金额'].astype('float')
dataDF.dtypes
```

输出结果如图 4-33 所示。

```
销售时间      object
社保卡号      object
商品编码      object
商品名称      object
销售数量      float64
应收金额      float64
实收金额      float64
dtype: object
```

图 4-33 转换数据类型

2）把销售时间列中的日期和星期使用 split 函数进行分割。

首先，对销售时间这一列的所有行进行分割，要使用循环语句，代码如下：

```
salesSer1 = dataDF['销售时间']
datelist = []
for value in salesSer1:
    dateSplit = value.split(' ')
    dateStr = dateSplit[0]
    datelist.append(dateStr)
```

然后，将数据分割结果赋回给 dataDF，并输出前 4 行数据，显示每一列的数据类型，代码如下：

```
dataDF['销售时间'] = pd.Series(datelist)
print(dataDF.loc[0:3,:])
dataDF.dtypes
```

输出结果如图 4-34 所示。从输出结果可以看出，已经提取出销售时间，但其数据类型还是字符串类型。

```
       销售时间              社保卡号      商品编码   商品名称    销售数量  应收金额  实收金额
0    2018-01-01        001616528    236701   强力VC银翘片    6.0   82.8   69.00
1    2018-01-02        001616528    236701   清热解毒口服液   1.0   28.0   24.64
2    2018-01-06       0012602828    236701     感康        2.0   16.8   15.00
3    2018-01-11     0010070343428   236701    三九感冒灵    1.0   28.0   28.00
销售时间     object
社保卡号     object
商品编码     object
商品名称     object
销售数量     float64
应收金额     float64
实收金额     float64
dtype: object
```

图 4-34　提取销售时间并查看列数据类型

接着，将字符串类型转换为日期类型，代码如下：

```
dataDF['销售时间'] = pd.to_datetime(dataDF['销售时间'], format = '%Y-%m-%d', errors = 'coerce')
dataDF.dtypes        //查看更改后的格式
```

输出结果如图 4-35 所示。

```
销售时间      datetime64[ns]
社保卡号              object
商品编码              object
商品名称              object
销售数量             float64
应收金额             float64
实收金额             float64
dtype: object
```

图 4-35　查看列数据类型

最后，删除销售时间列是空值的行，代码如下：

```
dataDF = dataDF.dropna(subset = ['销售时间'], how = 'any')
dataDF.shape        //查看剩余数据集大小
```

输出结果：

```
(6549, 7)
```

5. 数据排序

对销售时间按升序排序并重置行号，输出前 5 行数据，代码如下：

```
dataDF = dataDF.sort_values(by = '销售时间', ascending = True)    //按销售时间升序
dataDF = dataDF.reset_index(drop = True)       //重置行号
dataDF.head()      //显示数据集前 5 行
```

输出结果如图 4-36 所示。

	销售时间	社保卡号	商品编码	商品名称	销售数量	应收金额	实收金额
0	2018-01-01	001616528	236701	强力VC银翘片	6.0	82.8	69.0
1	2018-01-01	0010616728	865099	硝苯地平片(心痛定)	2.0	3.4	3.0
2	2018-01-01	0010073966328	861409	非洛地平缓释片(波依定)	5.0	162.5	145.0
3	2018-01-01	0010073966328	866634	硝苯地平控释片(欣然)	6.0	111.0	92.5
4	2018-01-01	0010014289328	866851	缬沙坦分散片(易达乐)	1.0	26.0	23.0

图 4-36　数据排序后显示数据集前 5 行

6. 异常值处理

1）查看数据集有无异常，代码如下：

```
dataDF.describe()
```

输出结果如图 4-37 所示，从图中可以看出，销售数量、应收金额和实收金额最小值为负数，出现异常值，需进一步处理。

	销售数量	应收金额	实收金额
count	6549.000000	6549.000000	6549.000000
mean	2.384486	50.449076	46.284370
std	2.375227	87.696401	81.058426
min	-10.000000	-374.000000	-374.000000
25%	1.000000	14.000000	12.320000
50%	2.000000	28.000000	26.500000
75%	2.000000	59.600000	53.000000
max	50.000000	2950.000000	2650.000000

图 4-37　查看数据描述性统计

2）删除异常值，通过条件判断筛选出数据，代码如下：

```
querySer = dataDF.loc[:,'销售数量'] > 0
print("删除异常值前:",dataDF.shape)
dataDF = dataDF.loc[querySer,:]
print("删除异常值后:",dataDF.shape)
```

输出结果：

```
删除异常值前:(6549,7)
删除异常值后:(6506,7)
```

3）再次查看描述统计信息，确保无异常值，代码如下：

```
dataDF.describe()
```

输出结果如图 4-38 所示，从中可以看出异常值已删除。

	销售数量	应收金额	实收金额
count	6506.000000	6506.000000	6506.000000
mean	2.405626	50.927897	46.727653
std	2.364565	87.650282	80.997726
min	1.000000	1.200000	0.030000
25%	1.000000	14.000000	12.600000
50%	2.000000	28.000000	27.000000
75%	2.000000	59.600000	53.000000
max	50.000000	2950.000000	2650.000000

图 4-38　查看数据更新后描述性统计

4.4.4　构建模型

对数据进行处理之后，需要利用数据构建模型，计算相关的业务指标，并给出相关结论，供企业决策者进行参考。

1. 月均消费次数计算方法：

$$月均消费次数 = \frac{总消费次数}{月份数}$$

1）总消费次数是指同一天内，同一个人发生的所有消费算作一次消费。根据列名（销售时间、社保卡号），如果这两个列值同时相同，则只保留1条，将重复的数据删除。计算总消费次数，代码如下：

```
#月总消费次数,先对销售时间、社保卡号进行去重处理
kpi1_DF = dataDF.drop_duplicates(subset = ['销售时间','社保卡号'])
#计算去重后的行数即总消费次数
total = kpi1_DF.shape[0]
print(total)
```

输出结果：

```
5342
```

2）计算月份数，代码如下：

```
#以去重的方式计算总消费天数
days = kpi1_DF.drop_duplicates(subset = '销售时间')
Days = days.shape[0]
```

```
print("总消费天数:",Days)
Month = Days//30     # //表示整除
print("总消费月份数:",Month)
```

输出结果:

```
总消费天数:200
总消费月份数:6
```

3）计算月均消费次数，代码如下：

```
#计算月均消费次数 = 总消费次数/月份数
avgetimes = total/Month
print("业务指标1:月均消费次数 = ",avgetimes)
```

输出结果:

```
业务指标1:月均消费次数 = 890.3333333333334
```

2. 月均消费金额计算方法：

$$月均消费金额 = \frac{月消费总金额}{月份数}$$

由于总消费月份数已求出，只需计算月消费总金额就可以求出月均消费金额，代码如下：

```
totalamount = dataDF['实收金额'].sum()   #总消费金额
avgamount = totalamount/Month    #月均消费金额
print("业务指标2:月均消费金额 = ",avgamount)
```

输出结果:

```
业务指标2:月均消费金额 = 50668.35166666666
```

3. 客单价计算方法：

$$客单价 = \frac{总消费金额}{总消费次数}$$

因为总消费金额和总消费次数都已求出，直接计算客单价即可，代码如下：

```
pct = round(totalamount/total,2)
print("业务指标3:客单价 = ",pct,'元')
```

输出结果:

```
业务指标3:客单价 = 56.91 元
```

4. 消费趋势

按月统计销售数量、应收金额和实收金额，查看消费变化趋势。

1）重命名行名（index）为销售时间所在列的值，代码如下：

```
#在操作之前，先把数据复制到另一个数据框中，防止对之前清洗后的数据造成影响
groupDF = dataDF
groupDF.index = groupDF['销售时间']
groupDF.head()
```

输出结果如图 4-39 所示。

	销售时间	社保卡号	商品编码	商品名称	销售数量	应收金额	实收金额
销售时间							
2018-01-01	2018-01-01	001616528	236701	强力VC银翘片	6.0	82.8	69.0
2018-01-01	2018-01-01	0010616728	865099	硝苯地平片(心痛定)	2.0	3.4	3.0
2018-01-01	2018-01-01	0010073966328	861409	非洛地平缓释片(波依定)	5.0	162.5	145.0
2018-01-01	2018-01-01	0010073966328	866634	硝苯地平控释片(欣然)	6.0	111.0	92.5
2018-01-01	2018-01-01	0010014289328	866851	缬沙坦分散片(易达乐)	1.0	26.0	23.0

图 4-39　查看数据集前 5 行数据

2）先分组，再应用函数计算每个月的销售数量、应收金额、实收总额。代码如下：

```
gb = groupDF.groupby(groupDF.index.month) #分组
mounthDF = gb.sum()
print(mounthDF)
```

输出结果如图 4-40 所示。

	销售数量	应收金额	实收金额
销售时间			
1	2527.0	53561.6	49461.19
2	1858.0	42028.8	38790.38
3	2225.0	45318.0	41597.51
4	3005.0	54296.3	48787.84
5	2225.0	51263.4	46925.27
6	2328.0	52300.8	48327.70
7	1483.0	32568.0	30120.22

图 4-40　每个月的消费趋势

由图 4-40 可以看出 7 月份的销售数量远低于其他月份，这是因为 7 月份的数据不完整，所以不具备参考价值。1 月、4 月、5 月和 6 月的月消费金额差异不大，2 月和 3 月的消费金额迅速降低。

5. 药品销售情况

将商品名称和销售数量这两列数据聚合为 Series 形式，方便后面统计，并按降序排序，计算销售数量最多的前 10 种药品，代码如下：

```
medicine = dataDF[['商品名称','销售数量']]
bk = medicine.groupby('商品名称')[['销售数量']]
bk_medicine = bk.sum()
bk_medicine = bk_medicine.sort_values(by = ['销售数量'],ascending = False)
bk_medicine.head(10)
```

输出结果如图 4-41 所示。

商品名称	销售数量
苯磺酸氨氯地平片(安内真)	1781.0
开博通	1440.0
酒石酸美托洛尔片(倍他乐克)	1140.0
硝苯地平片(心痛定)	825.0
苯磺酸氨氯地平片(络活喜)	796.0
复方利血平片(复方降压片)	515.0
G琥珀酸美托洛尔缓释片(倍他乐克)	509.0
缬沙坦胶囊(代文)	445.0
非洛地平缓释片(波依定)	375.0
高特灵	366.0

图 4-41　销售前 10 的药品

单元总结

本单元学习了 pandas 的两种数据结构：Series 和 DataFrame，以及如何使用 pandas 进行数据处理和相关统计。pandas 是一个基于 NumPy 的功能非常强大的数据分析工具，主要提供了 DataFrame 和 Series 两种数据类型。通过本次实验，希望读者熟悉并使用 pandas，认识到 pandas 和 Python 功能的强大。本单元只是使用了 pandas 功能中很少的一部分，要想运用好 pandas 来做数据分析还有一段路要走。

本单元思维导图如图 4-42 所示。

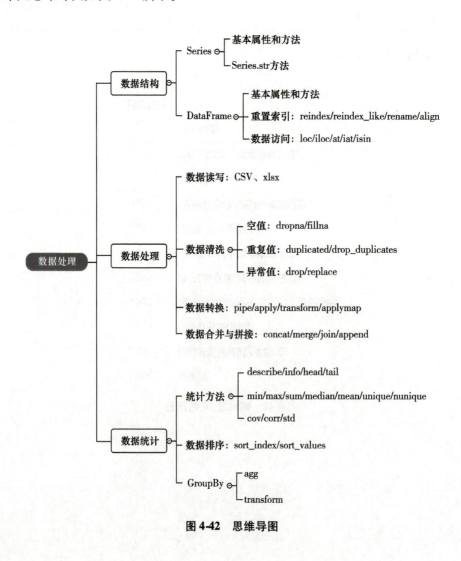

图 4-42 思维导图

评价考核

学习单元：数据处理	
课程性质：理实一体化课程	综合得分：

知识掌握情况评分（35 分）

序号	知识考核点	配分	得分
1	pandas 的数据结构类型和操作	10	
2	pandas 数据结构之间的相互运算	15	
3	pandas 的索引机制和函数的应用	10	

工作任务完成情况评分（65 分）

序号	能力操作考核点	配分	得分
1	安装 pandas 库	10	
2	导入数据集	10	
3	对数据集进行清洗	15	
4	对数据集进行简单的数据处理	5	
5	建立合适的数学模型	25	

习 题

一、填空题

1. 取出 df 的索引为［2，3，5］行的 a 和 b 列的命令为_____。

2. 读取 xlsx 文件的命令为_____，写入 Excel 的命令为_____。

3. 为显示 df 的基础信息，包括行的数量、列名、每一列值的数量、类型等需要使用的命令为_____。

4. 下面程序的运行结果为_____，输入_____可以得到同样的结果，输入_____可以得到相反的结果。

```
import numpy as np
import pandas as pd
s = pd.Series([1, np.nan, 3, 'NaN', np.nan - np.nan, 5])
print(s.isna())
```

二、实操题

1. 将词典 {'A': [1, 2, np.nan, 3, 4, 5, 5, 6, 8, np.nan]} 转化为 DataFrame，并将两个缺失值分别用均值和乘积进行填补，最后去掉重复值。

2. 将 pd.DataFrame ({'grps': list ('aaabbcaabcccbbc'), 'vals': [-12, 345, 3, 1, 45, 14, 4, -52, 54, 23, -235, 21, 57, 3, 87]}) 中 vals 的所有负数值替换为 grps 值相同的所有正数的平均值。

Unit 5

单元5
数据可视化

单元概述

数据可视化是指将数据集中的数据以图表的形式来表示，并利用数据分析和开发工具发现其中未知信息的处理过程。

Python 有很多非常优秀的数据可视化的库，Matplotlib 是其中最著名的 2D 绘图库，提供了丰富的数据绘图工具，可以用来绘制线图、散点图、等高线图、柱状图、直方图甚至是图形动画等。除了 Matplotlib 之外，还有一个常用的数据可视化工具——seaborn，它是在 Matplotlib 的基础上进行更高级的 API 封装，因此可以进行更复杂的图形设计和输出。它相比于 Matplotlib 的优点在于代码更简洁，可以用一行代码实现一个清晰好看的可视化输出，缺点是只能实现固化的一些可视化模板类型，如果需要绘制更具有特色的图依然需要使用 Matplotlib。这里要注意的是一旦导入了 seaborn，Matplotlib 的默认作图风格就会被覆盖成 seaborn 的格式。

Matplotlib 和 seaborn 都可以通过 pip 命令来进行安装。本单元将学习如何使用 Matplotlib 和 seaborn 来进行数据可视化。

学习目标

单元目标	
知识目标	了解 Matplotlib 库 掌握 Matplotlib 库的使用 了解 seaborn 库 掌握 seaborn 库的使用
能力目标	能够根据需求合理使用对应图形展示数据
素质目标	培养学生严谨认真的学习态度 提升学生对数据分析的预判能力，培养责任意识，提升职业素养
学习重难点	
重点	掌握 Matplotlib 图形接口
难点	掌握 seaborn 库的使用

5.1 Matplotlib 的两种绘图接口

5.1.1 Matplotlib 库介绍

Matplotlib 是 Python 的绘图库，它能让使用者很轻松地将数据图形化，并且提供多样化的输出格式。Matplotlib 可以用来绘制各种静态、动态、交互式的图表。Matplotlib 是一个非常强大的 Python 画图工具，可以使用该工具将很多数据通过图表的形式更直观地呈现出来。Matplotlib 可以绘制线图、散点图、等高线图、条形图、柱状图、3D 图形，甚至是图形动画等。

在 Matplotlib 库中，提供了两种风格的 API 供开发者使用，一种是 Pyplot 编程接口，另外一种是面向对象的编程接口。Pyplot 编程接口主要用于交互式绘图和编程绘图生成简单案例，面向对象的编程接口通常用于想要对图像绘制完全控制和绘制复杂图形的情况。

5.1.2 Pyplot 编程接口

Pyplot 是 Matplotlib 的子库，提供了和 MATLAB 类似的绘图 API，是常用的绘图模块，能很方便地让用户绘制 2D 图表。Pyplot 包含一系列绘图函数的相关函数，每个函数会对当前的图像进行一些修改，例如，给图像加上标记，生成新的图像，在图像中产生新的绘图区域等。

使用时，可以使用 import 导入 pyplot 库，并设置一个别名 plt。

```
import matplotlib.pyplot as plt
```

Pyplot 库的常用函数见表 5-1。

表 5-1 Pyplot 库的常用函数

函数	说明
plot	绘制两个数组的值
show	调用显示器窗口查看图像
savdfig	保存当前图像
close	关闭一个图像窗口
axes	添加轴，可以同时设置 x 轴和 y 轴的范围，格式为 [Xstart, Xend, Ystart, Yend]
title	设置图表的标题
xlabel \ ylabel	设置坐标轴标签
xticks \ yticks	设置坐标轴刻度及名称
xscale \ yscale	设置坐标轴的缩放比例
imshow	接收图像，画图

下面通过一个示例来学习如何使用 Pyplot 绘图。

示例：现有某水果店一周的苹果销售记录数，店长想更加直观地观察比较这一周的销售情况。销售情况：

$$\text{apple} = [78\text{kg}, 80\text{kg}, 79\text{kg}, 81\text{kg}, 91\text{kg}, 95\text{kg}, 96\text{kg}]$$

具体实现思路：

1）首先，导入 Matplotlib 软件包中的 Pyplot 模块，并按照惯例使用别名 plt。
2）定义两个数组分别存储周一至周日，另一个存储每天的销售记录。
3）使用 plot 函数绘制两个数组中的值。
4）设置打印标题，以及 x 轴和 y 轴的标签。
5）调用 show()函数打印图像。

具体代码实现如下：

```
import matplotlib.pyplot as plt
import numpy as np
app = [78,80,79,81,91,95,96]    #定义一周销售情况列表数据,y 轴数据
x = np.arange(1,8)    #x 为一周 7 天
plt.plot(x,app)
plt.ylabel("kg")
plt.show()
```

执行结果如图 5-1 所示。

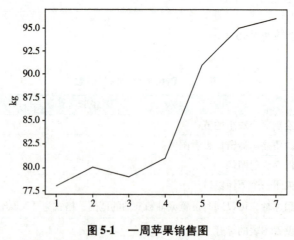

图 5-1　一周苹果销售图

5.1.3　面向对象的编程接口

尽管使用 matplotlib.pyplot 模块可以屏蔽一些底层通用绘图对象的创建细节，书写简洁，但更推荐使用面向对象的编程接口。在使用面向对象接口进行编程时，主要使用 Matplotlib 中的两个子类：matplotlib.figure 和 matplotlib.axes，这种方法需要自己创建 figure（画板）和 axes（图表）。面向对象的编程接口可以更好地控制和自定义绘图，缺点在于相对于 Pyplot 编程接口需要编写更多的代码。

在面向对象的界面中，Pyplot 仅用于图形创建之类的一些功能，并且用户可以显式创建并跟踪图形和轴对象。在此级别上，用户使用 Pyplot 创建图形，并通过这些图形创建一个或多个轴对象，然后将这些轴对象用于大多数绘图操作。

创建一个新的画板或者激活一个现有的画板使用函数 plt.figure()，其语法格式如下：

> figure(num = None, figsize = None, dpi = None, facecolor = None, edgecolor = None, frameon = True)

参数说明：

1）num：图像编号或名称，数字为编号，字符串为名称。
2）figsize：指定 figure 的宽和高，单位为英寸(in, 1in = 2.54cm)。
3）dpi：指定绘图对象的分辨率，即每英寸多少个像素，默认为 80。
4）facecolor：背景颜色。
5）edgecolor：边框颜色。
6）frameon：是否显示边框。

下面通过示例来具体了解 plt.figure() 的使用。

示例：某职业学院 19 级云计算毕业生共 120 人，就业数据见表 5-2。

表 5-2　就业数据

岗位	人数
云计算运维工程师	46
云计算开发工程师	38
产品经理	13
Web 前端开发工程师	26
云计算产品销售	16
其他	19

学校就业老师想通过图表更直观地看到学生就业情况。具体实现思路如下：

1）创建一个提供空画布的图形。

2）通过调用 add_axes() 方法将轴添加到图形中。add_axes() 方法需要一个由 4 个元素组成的列表对象，分别对应于该图的左侧、底部、宽度和高度。其中，所有数量都是图形宽度和高度的分数，因此每个数字都必须介于 0 和 1 之间。

3)设置数据信息和标题。

4)调用柱状图 bar( )方法展示数据。

具体代码实现如下:

```
import matplotlib.pyplot as plt
plt.rcParams['font.sans-serif'] = ['SimHei']  #用来正常显示中文标签
x = ['运维','开发','产品经理','Web前端','销售','其他'];
y = [46,38,13,26,16,19];
fig = plt.figure()
ax = fig.add_axes([0.1,0.1,0.8,0.8])
ax.set_xlabel("岗位")
ax.set_ylabel("人数")
ax.set_facecolor('c')
ax.bar(x,y);
plt.show();
```

执行结果如图 5-2 所示。

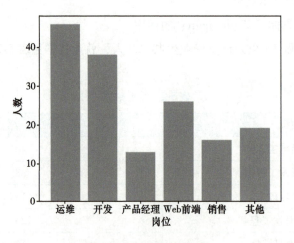

图 5-2 学生就业数据图

5.1.4 图像设置

在 Matplotlib 中有很多种绘图的风格,大家可以根据自身喜好、审美风格设置适合的绘图风格。

在导入 matplotlib.pyplot 之后输入 plt.style.available,可以查看当前 Matplotlib 有哪些绘图风格,见表 5-3。

表 5-3　Matplotlib 绘图风格

seaborn-bright	fivethirtyeight	seaborn-whitegrid
seaborn-dark	seaborn-talk	dark_background
seaborn-dark-palette	seaborn-darkgrid	seaborn-white
classic	seaborn-colorblind	ggplot
grayscale	seaborn-paper	seaborn-deep
seaborn-pastel	bmh	seaborn-ticks
seaborn-notebook	seaborn-poster	seaborn-muted

下面利用前面苹果周销售量图来具体演示 Matplotlib 的不同绘图风格。

示例：相同数据的不同风格绘图展示。

1. bmh 风格

```
import matplotlib.pyplot as plt
import numpy as np
app = [78,80,79,81,91,95,96]    #定义一周销售情况列表数据,y 轴数据
x = np.arange(1,8)    #x 为一周 7 天
plt.style.use('bmh')    # 将风格设置为 bmh
plt.plot(x,app)
plt.ylabel("kg")
plt.show()
```

执行结果如图 5-3 所示。

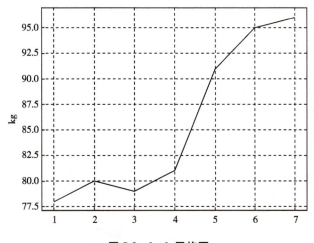

图 5-3　bmh 风格图

2. ggplot 风格

```
import matplotlib.pyplot as plt
import numpy as np
app = [78,80,79,81,91,95,96]    #定义一周销售情况列表数据,y轴数据
x = np.arange(1,8)    #x 为一周 7 天
plt.style.use(ggplot)    # 将风格设置为 ggplot
plt.plot(x,app)
plt.ylabel("kg")
plt.show()
```

执行结果如图 5-4 所示。

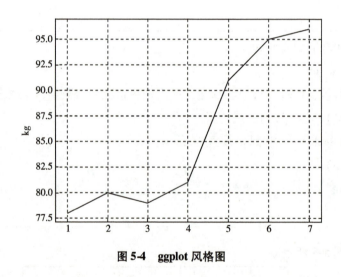

图 5-4　ggplot 风格图

修改样本点的点标记、线形和颜色：

axes.plot 函数可以将两个数组的值绘制为线或标记，plot()方法有一个可选参数用来指定线或标记的颜色、样式和标记等。样本点标记对照表见表 5-4，线条样式对照表见表 5-5，样本点颜色对照如图 5-5 所示。

表 5-4　样本点标记对照表

标记代码	说明
','	点标记
'o'	圆圈标记
'x'	X 标记

（续）

标记代码	说明
'D'	钻石标记
'H'	六角标记
's'	方形标记
'+'	加号标记

表 5-5　线条样式对照表

线条类型	说明
'-'	实线
'--'	虚线
'-.'	点画线
':'	虚线
'H'	六角标记

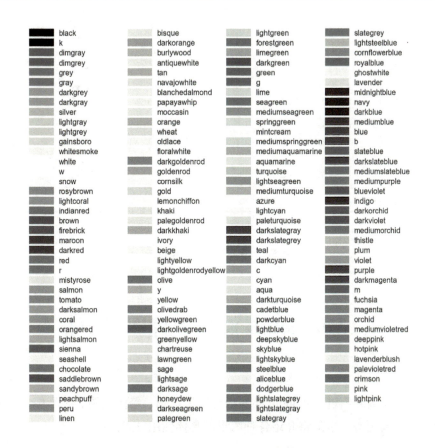

图 5-5　样本点颜色对照（见彩图）

示例： 苹果周销售记录展示。

设置标记点为"+"，线条为虚线。

```
import matplotlib.pyplot as plt
import numpy as np
app = [78,80,79,81,91,95,96]   #定义一周销售情况列表数据,y轴数据
x = np.arange(1,8)   #x为一周7天
plt.plot(x,app,"y+:")   #y轴数据标记点为"+",线条为虚线
plt.ylabel("kg")
plt.show()
```

执行结果如图 5-6 所示。

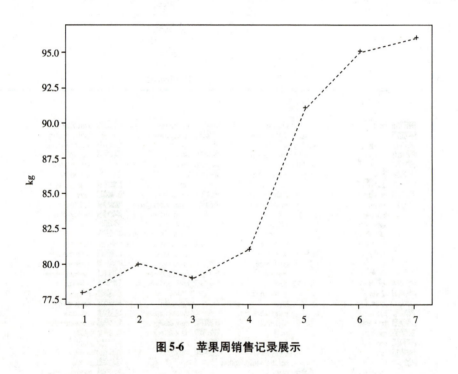

图 5-6　苹果周销售记录展示

5.2　Matplotlib 面向多种图形的接口

在 5.1 节中已经介绍过 Matplotlib 绘制线图、散点图、等高线图、条形图、柱状图、3D 图形甚至是图形动画等。本节将介绍各种图形的具体使用方式。

5.2.1 散点图

散点图是指在回归分析中，数据点在直角坐标系平面上的分布图，散点图表示因变量随自变量而变化的大致趋势，据此可以选择合适的函数对数据点进行拟合，可以使用 Pyplot 中的 scatter( )方法来绘制散点图。

scatter( )方法语法格式如下：

> matplotlib. pyplot. scatter(x, y, s = None, c = None, marker = None, cmap = None, norm = None, vmin = None, vmax = None, alpha = None, linewidths = None, * , edgecolors = None, plotnonfinite = False, data = None, * * kwargs)

参数说明见表 5-6。

表 5-6　matplotlib. pyplot. scatter 参数说明

参数	说明
x, y	长度相同的数组，也就是即将绘制散点图的数据点，输入数据
s	点的大小，默认为20，也可以是数组，数组每个参数为对应点的大小
c	点的颜色，默认为蓝色 'b'，也可以是个 RGB 或 RGBA 二维行数组
marker	点的样式，默认为小圆圈 'o'
cmap	colormap，默认为 None，标量或者是一个 colormap 的名字，只有 c 是一个浮点数数组时才使用。如果没有申明就是 image. cmap
norm	normalize，默认为 None，数据亮度在 0~1 之间，只有 c 是一个浮点数的数组时才使用
vmin, vmax	亮度设置，在 norm 参数存在时会忽略
alpha	透明度设置，0~1 之间，默认为 None，即不透明
linewidths	标记点的长度
edgecolors	颜色或颜色序列，默认为 'face'，可选值有 'face'，' None '
plotnonfinite	布尔值，设置是否使用非限定的 c(inf, -inf 或 nan) 绘制点
** kwargs	其他参数

具体使用通过下面的示例来学习。

示例：假设通过爬虫获取到北京 2021 年 3 月和 10 月每天白天的最高气温（分别位于列表 a、b），那么此时如何寻找气温和随时间(天)变化的某种规律？

a = [11, 17, 16, 11, 12, 11, 12, 6, 6, 7, 8, 9, 12, 15, 14, 17, 18, 21, 16,

17,20,14,15,15,15,19,21,22,22,22,23]

b = [26,26,28,19,21,17,16,19,18,20,20,19,22,23,17,20,21,20,22,15,11,15,5,13,17,10,11,13,12,13,6]

具体实现思路:

1) 创建一个提供空画布的图形。

2) x 轴显示日期,3 月与 10 月中间间隔分开,方便看起来更直观。3 月、10 月均为 31 天。y 轴为气温。

3) 设置数据信息和标题。

4) 调用散点图 scatter() 方法展示数据。

具体实现代码如下:

```
from matplotlib import pyplot as plt
from matplotlib import font_manager

plt.rcParams['font.sans-serif'] = ['SimHei'] #用来正常显示中文标签
x_3 = range(1,32)
x_10 = range(51,82)
y_3 = [11,17,16,11,12,11,12,6,6,7,8,9,12,15,14,17,18,21,16,17,20,14,15,
15,15,19,21,22,22,22,23]
y_10 = [26,26,28,19,21,17,16,19,18,20,20,19,22,23,17,20,21,20,22,15,11,
15,5,13,17,10,11,13,12,13,6]
plt.figure(figsize=(15,8),dpi=80)
#绘制散点图
plt.scatter(x_3,y_3,label='3月')
plt.scatter(x_10,y_10,label='10月')
#设置 x 轴和 y 轴
_x = list(x_3) + list(x_10)
_y = list(y_3) + list(y_10)
x_ticks = ['3月{}日'.format(i) for i in x_3]
x_ticks += ['10月{}日'.format(i-50) for i in x_10]
plt.xticks(_x[::3],x_ticks[::3], rotation=45)
plt.yticks(range(min(_y),max(_y)+1))
plt.xlabel('3月与10月日期',size=15)
```

```
plt.ylabel('气温',    size = 15)
plt.title('3 月与 10 月每日平均气温变化散点图',size = 20)
plt.grid(alpha = 0.5,color = 'c')
plt.show()
```

执行结果如图 5-7 所示。

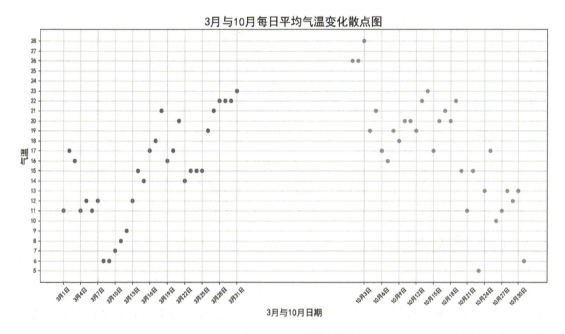

图 5-7　气温和日期变化散点图 1

可以看出，3 月气温逐渐在上升，到了 10 月逐渐下降。

也可以对上述散点图中点的形状进行修改，例如 3 月为 "＊"，10 月为 "＋"。修改后代码如下：

```
#绘制散点图
plt.scatter(x_3,y_3,label = '3 月',marker = " ＊ ")
plt.scatter(x_10,y_10,label = '10 月',marker = " ＋ ")
```

执行结果如图 5-8 所示。

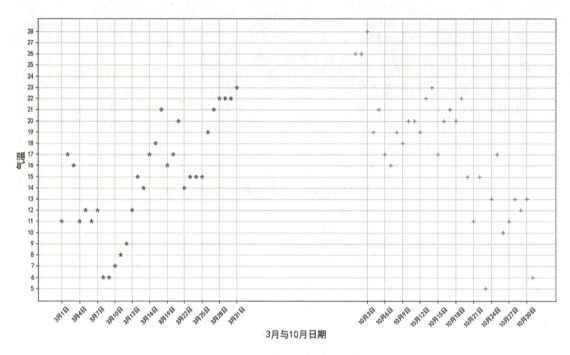

图 5-8　气温和日期变化散点图 2

5.2.2　折线图

折线图(line chart)是日常工作、学习中经常使用的一种图表，它可以直观地反映数据的变化趋势。与绘制柱状图、饼状图等图形不同，Matplotlib 并没有直接提供绘制折线图的函数，因此本节讲解如何绘制一幅折线图。

具体使用通过下面的示例来学习。

示例：现有关于 C 语言中文网一周每天的用户活跃度数据，绘制出相应的折线图。

x 轴为一周七天的日期：x = ["Mon","Tues","Wed","Thur","Fri","Sat","Sun"]；

y 轴为 C 语言中文网的访问量。

具体实现代码如下：

```
import matplotlib.pyplot as plt
plt.rcParams['font.sans-serif'] = ['SimHei'] #用来正常显示中文标签
#准备绘制数据
x = ["Mon","Tues","Wed","Thur","Fri","Sat","Sun"]
y = [20,40,35,55,42,80,50]
# "g"表示绿色,marksize 用来设置'D'菱形的大小
plt.plot(x,y,"g",marker='D',markersize=5,label="周活")
```

```
#绘制坐标轴标签
plt.xlabel("登录时间")
plt.ylabel("用户活跃度")
plt.title("C语言中文网周活跃度")
#显示图例
plt.legend(loc="lower right")
plt.show()
```

执行结果如图 5-9 所示。

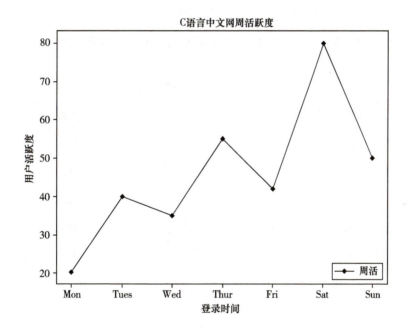

图 5-9　C 语言中文网周活跃度折线图

5.2.3　柱状图

柱状图是一种以长方形的长度为变量的统计图表。柱状图也可以横向排列或用多维方式表达。柱状图是一种对数据分布情况的图形表示，是一种二维统计图表，它的横坐标是统计样本，纵坐标为该样本对应的某个属性的度量。

可以使用 Pyplot 中的 bar() 方法来绘制柱形图。

bar() 方法语法格式如下：

matplotlib.pyplot.bar(x, height, width=0.8, bottom=None, align='center')

具体参数含义见表5-7。

表5-7 bar方法参数说明

参数	说明
x	标量序列,代表柱状的x坐标
height	柱状的高度
width	柱状的宽度,可选,默认为0.8
bottom	柱状的坐标,可选,默认为None
align	控制x是柱状的中心还是左边缘。{'center', 'edge'},默认为'center'

具体使用通过下面示例来学习。

示例:现有统计的2015～2020年IT行业的平均薪资水平数据见表5-8。

表5-8 2015～2020年IT行业平均薪资水平数据

年份	平均薪资/元
2015	8000
2016	8500
2017	9000
2018	10000
2019	15000
2020	16500

以柱状图的形式更直观地展示表5-8中的数据。

具体实现代码如下:

```
import pandas as pd
import matplotlib.pyplot as plt
data = {'Date':pd.Series([2015,2016,2017,2018,2019,2020]),
'IT_avg_salary':pd.Series([8000,8500,9000,10000,15000,16500])}#准备展示数据
df = pd.DataFrame(data)
plt.rcParams['font.sans-serif'] = ['SimHei']   #显示中文
plt.xlabel("年份",fontsize=15)   #x轴显示年份
```

```
plt.ylabel("平均工资",fontsize=15)    #y轴显示薪资
plt.title("IT行业平均工资")    #图形标题
plt.bar(x=df['Date'],height=df['IT_avg_salary'])    #画出柱状图
for a,b in zip(df['Date'],df['IT_avg_salary']):    #循环在柱状图上方显示具体薪资数
    plt.text(a,b,'%.2f'%b,ha='center',va='bottom',fontsize=14)
plt.show()
```

执行结果如图5-10所示。

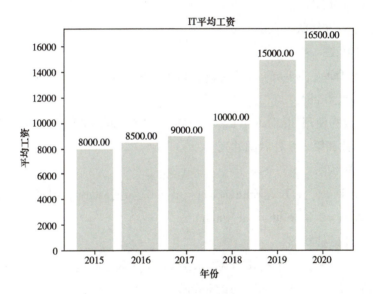

图5-10 平均薪资水平柱状展示图

示例：现有2015～2020年中三个不同行业平均月薪资见表5-9。

表5-9 2015～2020年三个不同行业的平均薪资

年份	IT薪资/元	运营薪资/元	人力资源薪资/元
2015	8000	6000	4000
2016	8500	6500	4200
2017	9000	8000	4500
2018	10000	8500	5000
2019	15000	9000	5200
2020	16500	9500	5500

以柱状对比图的形式更直观地展示表 5-9 中的数据。

具体实现代码如下：

```
import pandas as pd
import matplotlib.pyplot as plt
plt.rcParams['font.sans-serif'] = ['SimHei']    #显示中文
data = {'Date':pd.Series([2015,2016,2017,2018,2019,2020]),
'IT_avg_salary':pd.Series([8000,8500,9000,10000,15000,16500]),
'MD_avg_salary':pd.Series([6000,6500,8000,8500,9000,9500]),
'HRD_avg_salary':pd.Series([4000,4200,4500,5000,5200,5500])}
df = pd.DataFrame(data)
bar_width = 0.3   #柱状图宽度
#IT 行业的柱状图
plt.bar(x = df['Date'], height = df['IT_avg_salary'], label = 'IT', color = 'steelblue', alpha = 0.5, width = bar_width)
#将 x 轴数据改为使用 df['Date'] + bar_width，也就是 bar_width、1 + bar_width、2 + bar_width…这样就和第一个柱状图并列
#运营行业的柱状图
plt.bar(x = df['Date'] + bar_width, height = df['MD_avg_salary'], label = '运营', color = 'indianred', alpha = 0.8, width = bar_width)
#人力资源行业的柱状图
plt.bar(x = df['Date'] + bar_width * 2, height = df['HRD_avg_salary'], label = '人力资源', color = 'g', alpha = 0.8, width = bar_width)
#循环遍历将每个行业每年平均薪资写到柱状图上
for a,b in zip(df['Date'], df['IT_avg_salary']):
    plt.text(a, b, '%.0f%b', ha = 'center', va = 'bottom')
for a,b in zip(df['Date'], df['MD_avg_salary']):
    plt.text(a + bar_width, b, '%.0f%b', ha = 'center', va = 'bottom')
for a,b in zip(df['Date'], df['HRD_avg_salary']):
    plt.text(a + bar_width * 2, b, '%.0f%b', ha = 'center', va = 'bottom')
plt.title("各行业平均工资")
plt.xlabel("年份")
plt.ylabel("平均工资")
plt.legend()
plt.show()
```

执行结果如图 5-11 所示。

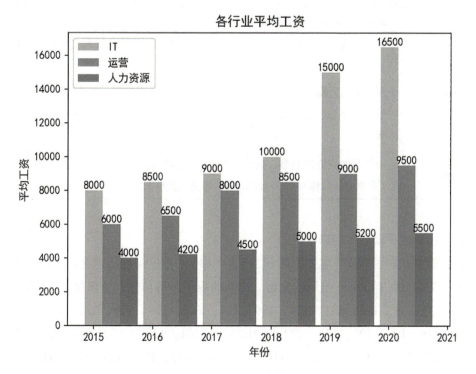

图 5-11　各行业平均薪资对比图

5.2.4　直方图

直方图(Histogram)又称质量分布图,是一种统计报告图,由一系列高度不等的纵向条纹或线段表示数据分布的情况。一般用横轴表示数据类型,纵轴表示分布情况。

直方图与柱状图看起来很相似,但有很大不同。直方图的柱子之间没有间隔,x 轴为定量的数据,因此柱子之间的排序是固定的,用于展示数据的分布;而柱状图的柱子之间有间隔,x 轴为统计样本,柱子之间是随意排序的,可以互相交换,用于比较各类数据的某个属性的大小。

绘制直方图常用命令为 hist 函数,其语法格式如下:

plt.hist(data,bins,facecolor,edgecolor,alpha)

该函数的参数说明见表 5-10。

表 5-10　hist()函数参数说明

参数	说明
x	必填参数，数组或者数组序列
bins	可选参数，整数或者序列，bins 表示每一个间隔的边缘（起点和终点）默认会生成 10 个间隔
range	指定全局间隔的下限与上限值（min，max），元组类型，默认值为 None
density	如果为 True，则返回概率密度直方图；默认为 False，返回相应区间元素的个数的直方图
histtype	要绘制的直方图类型，默认值为 bar，可选值有 barstacked（堆叠条形图）、step（未填充的阶梯图）、stepfilled（已填充的阶梯图）

具体使用通过下面的示例来学习。

示例：假设获取了 250 部电影的时长（列表 a 中），希望统计出这些电影时长的分布状态（比如时长为 100～120min 电影的数量、出现的频率）等信息，应该如何呈现这些数据？

a ＝ [131，98，125，131，124，139，131，117，128，108，135，138，131，102，107，114，119，128，121，142，127，130，124，101，110，116，117，110，128，128，115，99，136，126，134，95，138，117，111，78，132，124，113，150，110，117，86，95，144，105，126，130，126，130，126，116，123，106，112，138，123，86，101，99，136，123，117，119，105，137，123，128，125，104，109，134，125，127，105，120，107，129，116，108，132，103，136，118，102，120，114，105，115，132，145，119，121，112，139，125，138，109，132，134，156，106，117，127，144，139，139，119，140，83，110，102，123，107，143，115，136，118，139，123，112，118，125，109，119，133，112，114，122，109，106，123，116，131，127，115，118，112，135，115，146，137，116，103，144，83，123，111，110，111，100，154，136，100，118，119，133，134，106，129，126，110，111，109，141，120，117，106，149，122，122，110，118，127，121，114，125，126，114，140，103，130，141，117，106，114，121，114，133，137，92，121，112，146，97，137，105，98，117，112，81，97，139，113，134，106，144，110，137，137，111，104，117，100，111，101，110，105，129，137，112，120，113，133，112，83，94，146，133，101，131，116，111，84，137，115，122，106，144，109，123，116，111，111，133，150]

具体实现代码如下：

```python
from matplotlib import pyplot as plt
a = [131,98,125,131,124,139,131,117,128,108,135,138,131,102,107,114,119,
128,121,142,127,130,124,101,110,116,117,110,128,128,115,99,136,126,134,
95,138,117,111,78,132,124,113,150,110,117,86,95,144,105,126,130,126,130,
126,116,123,106,112,138,123,86,101,99,136,123,117,119,105,137,123,128,
125,104,109,134,125,127,105,120,107,129,116,108,132,103,136,118,102,120,
114,105,115,132,145,119,121,112,139,125,138,109,132,134,156,106,117,127,
144,139,139,119,140,83,110,102,123,107,143,115,136,118,139,123,112,118,
125,109,119,133,112,114,122,109,106,123,116,131,127,115,118,112,135,115,
146,137,116,103,144,83,123,111,110,111,100,154,136,100,118,119,133,134,
106,129,126,110,111,109,141,120,117,106,149,122,122,110,118,127,121,114,
125,126,114,140,103,130,141,117,106,114,121,114,133,137,92,121,112,146,
97,137,105,98,117,112,81,97,139,113,134,106,144,110,137,137,111,104,117,
100,111,101,110,105,129,137,112,120,113,133,112,83,94,146,133,101,131,
116,111,84,137,115,122,106,144,109,123,116,111,111,133,150]
plt.figure(figsize=(20,8),dpi=80)
# 设置组距：每个小组的两个端点的距离
# max(a)
# min(a)
# max(a) - min(a)
d = 3 #设置组距时,极差的值需要能够整除组距,在这里极差为78,78/3 可以整除
#设置组数：极差/距离
num_bins = (max(a) - min(a))//d #分为多少组
# 绘图
plt.hist(a,num_bins)
# 设置 x 轴的刻度
plt.xticks(range(min(a),max(a)+d,d))

#设置网格线
plt.grid(alpha=0.4)

plt.show()
```

执行结果如图 5-12 所示。

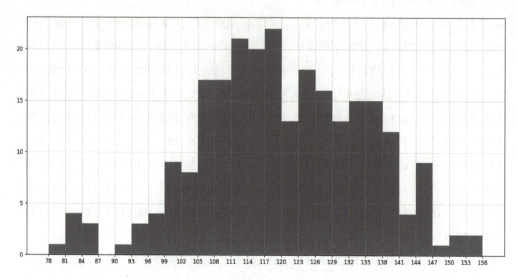

图 5-12　电影时长的分布状态图

5.2.5　饼状图

饼状图显示一个数据系列中各项的大小与各项总和的比例。饼状图中的数据点显示为整个饼状图的百分比。

Matplotlib 提供了一个 pie( ) 函数，该函数可以生成数组中数据的饼状图。可使用 x/sum(x) 来计算各个扇形区域占饼图总和的百分比。pie( ) 函数的参数说明见表 5-11。

表 5-11　pie( )函数参数说明

参数	说明
x	每一块的比例，如果 sum(x) > 1 会进行归一化
labels	每一块饼图外侧显示的说明文字
explode	每一块离中心距离
startangle	起始绘制角度，默认图是从 x 轴正方向逆时针画起；如果设定为 90，则从 y 轴正方向画起
shadow	在饼图下面画一个阴影，默认值为 False
labeldistance	label 标记的绘制位置，相对于半径的比例，默认值为 1.1，如果 <1 则绘制在饼图内侧
autopct	控制饼图内百分比设置，可以使用 format 字符串或者 format function，例如'%1.1f'指小数点前后位数（没有用空格补齐）

(续)

参数	说明
pctdistance	类似于 labeldistance，指定 autopct 的位置刻度，默认值为 0.6
radius	控制饼图半径，默认值为 1
counterclock	指定指针方向，布尔值，可选参数，默认为 True
wedgeprops	传递饼图参数，字典类型，可选参数，默认值为 None
textprops	设置标签（labels）和比例文字的格式，字典类型
center	饼图中心点的位置，浮点类型的列表，可选参数，默认值为（0，0）
frame	布尔类型，可选参数，默认值为 False，如果为 True，表示根据图表的位置绘制坐标系
rotatelabels	布尔类型，可选参数，默认为 False，如果为 True，将每个标签旋转到对应块的角度

具体使用通过下面的示例来学习。

示例：现有某小区宠物狗种类及数量统计数据见表 5-12。

表 5-12　某小区宠物狗种类及数量统计

品种	数量
哈士奇	42
贵宾犬	97
吉娃娃	65
柴犬	30

以饼状图的形式直观地展示出各种品种所占比例情况。

具体实现代码如下：

```
from matplotlib import pyplot as plt
plt.rcParams['font.sans-serif'] = ['SimHei']    # 用于显示中文
#添加图形对象
fig = plt.figure()
ax = fig.add_axes([0,0,1,1])
#准备数据
labels = ['哈士奇','贵宾犬','吉娃娃','柴犬']
count = [42,97,65,30]
#绘制饼状图
ax.pie(count,labels=labels,autopct='%1.2f%%')
plt.show()
```

执行结果如图 5-13 所示。

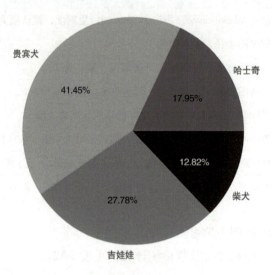

图 5-13　宠物狗占比图 1（见彩图）

针对上述示例还可以添加标签、阴影等，具体代码如下：

```
explode = (0,0.1,0,0)
#绘制饼状图
plt.pie(count,explode = explode,labels = labels,autopct = '%1.1f%%',shadow = True,
startangle = 90)    #添加阴影,旋转角度
```

执行结果如图 5-14 所示。

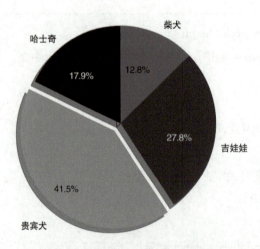

图 5-14　宠物狗占比图 2（见彩图）

5.2.6 箱形图

箱形图（也称为盒须图、箱线图）于 1977 年由美国著名统计学家约翰·图基（John Tukey）发明。它能显示出一组数据的最大值、最小值、中位数及上下四分位数。

在箱形图中，从上四分位数到下四分位数绘制一个盒子，然后用一条垂直触须（形象地称为"盒须"）穿过盒子的中间。上垂线延伸至上边缘（最大值），下垂线延伸至下边缘（最小值）。箱形图结构如图 5-15 所示。

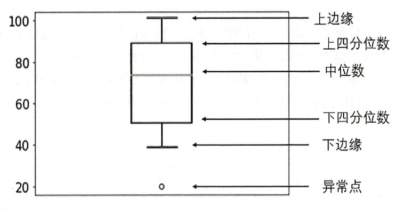

图 5-15　箱形图结构

相关数据计算方法如下：

$$四分位距(IQR) = 上四分位数(Q3) - 下四分位数(Q1)$$
$$上边缘 = 上四分位数(Q3) + 1.5IQR$$
$$下边缘 = 下四分位数(Q1) - 1.5IQR$$

这里的下四分位数(Q1)、中位数(Q2)和上四分位数(Q3)分别等于样本中所有数值从小到大排列后，排在 25%、50% 和 75% 的数值，即表 5-13 中的计算结果。

表 5-13　Q1、Q3 算法说明

n 的数量	Q1	Q3
$4 \times i$	$a[i-1] \times 0.25 + a[i] \times 0.75$	$a[3 \times i-1] \times 0.75 + a[3 \times i] \times 0.25$
$4 \times i+2$	$a[i] \times 0.75 + a[i+1] \times 0.25$	$a[3 \times i] \times 0.25 + a[3 \times i+1] \times 0.75$
$4 \times i+1$	$a[i]$	$a[3 \times i]$
$4 \times i+3$	$a[i] \times 0.5 + a[i+1] \times 0.5$	$a[3 \times i+1] \times 0.5 + a[3 \times i+2] \times 0.5$

表中 n 为数据点数，i 为根据点数计算所得，示例如下：
n = 12，则 12 = 4 × 3，即 i = 3。
n = 19，则 13 = 4 × 4 + 3，即 i = 4。
中位数 median(第二个四分位数) Q2 的计算：
若 n = 2 × j + 1，即数据点个数为奇数（odd number）：
$$median(Q2) = a[j]$$
若 n = 2 × j，即数据点个数为偶数（even number）：
$$median(Q2) = a[j-1] \times 0.5 + a[j] \times 0.5$$

对于标准正态分布的大样本，中位数位于上下四分位数的中央，箱形图的方盒关于中位线对称。中位数越偏离上下四分位数的中心位置，分布偏态性越强。如果异常值集中在较大值一侧，则分布呈现右偏态；如果异常值集中在较小值一侧，则分布呈现左偏态。

Matplotlib 中绘制箱形图的函数为 boxplot()，具体参数说明见表 5-14。

表 5-14 boxplot() 函数参数说明

参数	说明	参数	说明
x	指定要绘制箱形图的数据	showcaps	是否显示箱形图顶端和末端的两条线
notch	是否是凹口的形式展现箱形图	showbox	是否显示箱形图的箱体
sym	指定异常点的形状	showfliers	是否显示异常值
vert	是否需要将箱形图垂直摆放	boxprops	设置箱体的属性，如边框色、填充色等
whis	指定上下须与上下四分位距离	labels	为箱形图添加标签
positions	指定箱形图的位置	filerprops	设置异常值的属性
widths	指定箱形图的宽度	medianprops	设置中位数的属性
patch_artist	是否填充箱体的颜色	meanprops	设置均值的属性
meanline	是否用线的形式表示均值	capprops	设置箱形图顶端和末端线条的属性

下面通过示例来了解 Q1、Q2、Q3 的计算方式以及图形绘制。
示例：12 位商学院毕业生月薪的样本按升序为：
a = [2710 2755 2850 2880 2880 2890 2920 2940 2950 3050 3130 3325]
带入公式计算可得：
n = 12

$$i = 3, j = 6$$

$$Q1 = a[i-1] \times 0.25 + a[i] \times 0.75 = a[2] \times 0.25 + a[3] \times 0.75 = 2872.5$$

$$Q2 = a[5] \times 0.5 + a[6] \times 0.5 = 2905$$

$$Q3 = a[3 \times i - 1] \times 0.75 + a[3 \times i] \times 0.25 = a[8] \times 0.75 + a[9] \times 0.25 = 2975$$

$$IQR = Q3 - Q1 = 2975 - 2872.5 = 102.5$$

$$max = Q3 + 1.5IQR = 2975 + 1.5 \times 102.5 = 3128.75$$

上边缘即小于等于 $Q3 + 1.5 \times IQR$ 最大的数值，所以上边缘为3050。

$$min = Q1 - 1.5IQR = 2872.5 - 1.5 \times 102.5 = 2718.75$$

下边缘即大于等于 $Q1 - 1.5 \times IQR$ 最小的数值，所以下边缘为2755。

具体实现代码如下：

```python
import numpy as np
import pandas as pd
import matplotlib.pyplot as plt
a = [2710,2755,2850,2880,2880,2890,2920,2940,2950,3050,3130,3325]
df = pd.DataFrame(a)
plt.figure(figsize = (6,4))
#创建图表、数据
plt.boxplot(df,showbox = True)
plt.title('boxplot')
plt.show()
```

执行结果如图5-16所示。

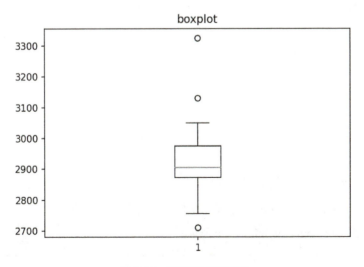

图 5-16　箱形图示例图形

5.2.7 分格显示

Matplotlib 可以组合多个子图，进行分格显示，使用到的函数主要有三个，分别为 subplot 函数、subplots 函数和 subplot2grid 函数。

subplot 函数的语法格式如下：

matplotlib.pyplot.subplot(nrows,ncols,index)

其中，nrows 代表行数，ncols 代表列数，子图数量为 nrows × ncols 个，index 代表第几个图。例如，plt.subplot(311)意味着有 3 行 1 列，一共 3 个子图；plt.subplot(131)意味着有 1 行 3 列，一共 3 个子图；plt.subplot(321)意味着有 3 行 2 列，一共 6 个子图，子图顺序先由左到右，再由上到下排序。

具体使用通过下面的示例来学习。

示例：现存储了 2021 年 9 月下旬煤炭市场的价格变动情况，见表 5-15，要求使用 subplot 函数创建两个子图来显示本期价格和比上期价格的涨跌直方图。

表 5-15 2021 年 9 月下旬煤炭市场的价格变动情况

煤炭种类	本期价格/元	比上期价格涨跌/元
无烟煤（洗中块）	1714.4	32.4
普通混煤（4500 大卡）	1043.7	138.5
山西大混（5000 大卡）	1204.1	149.7
山西优混（5500 大卡）	1270.0	154.0
大同混煤（5800 大卡）	1289.1	151.3
焦煤（主焦煤）	4100.0	120.0
焦炭（二级冶金焦）	4086.0	136.0

具体实现代码如下：

```
import pandas as pd
import matplotlib.pyplot as plt
plt.rcParams['font.sans-serif'] = ['SimHei']   # 用于显示中文
plt.rcParams['axes.unicode_minus'] = False
```

```
plt.rcParams['font.size'] = 14
# 输入数据
data = {'煤炭种类':['无烟煤','普通混煤','山西大混','山西优混','大同混煤','焦煤','焦炭'],
        '本期价格(元)':[1714.4,1043.7,1204.1,1270.0,1289.1,4100.0,4086.0],
        '比上期价格涨跌(元)':[32.4,138.5,149.7,154.0,151.3,120.0,136.0]}
df = pd.DataFrame(data)
# 画图
plt.figure(figsize=(8,8))
plt.subplot(211)    # 第一个图
pos = list(range(len(df["煤炭种类"])))
plt.bar(x=pos,height=df['本期价格(元)'])
plt.xticks(pos,df['煤炭种类'])
plt.xlabel('煤炭种类')
plt.ylabel('本期价格(元)')
plt.title('2021年9月下旬煤炭价格(元)')
for x,y in zip(pos,df['本期价格(元)']):
    plt.text(x+0.02,y+1,y,ha='center',va='bottom')
plt.subplot(212)    # 第二个图
plt.bar(x=pos,height=df['比上期价格涨跌(元)'])
plt.xticks(pos,df['煤炭种类'])
plt.xlabel('煤炭种类')
plt.ylabel('比上期价格涨跌(元)')
for x,y in zip(pos,df['比上期价格涨跌(元)']):
    plt.text(x+0.02,y+1,y,ha='center',va='bottom')
plt.title('2021年9月下旬煤炭比上期价格涨跌(元)')
plt.tight_layout()
plt.show()
```

执行结果如图5-17所示。

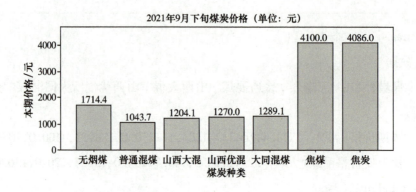

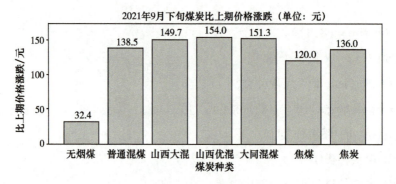

图 5-17　煤炭价格图

5.3　seaborn 库

5.3.1　seaborn 库介绍

seaborn 是一种开源的数据可视化工具，它在 Matplotlib 的基础上进行了更高级的 API 封装，因此可以进行更复杂的图形设计和输出。seaborn 是 Matplotlib 的重要补充，可以自定义 Matplotlib 中的各种参数，而且它能高度兼容 NumPy 与 pandas 数据结构以及 Scipy 与 statsmodels 等统计模式。

seaborn 的画图设置主要分为两类，一类是风格设置，另一类是颜色设置。

seaborn 主要包括 5 种风格，分别是 darkgrid、whitegrid、dark、white 和 ticks，默认为 darkgrid，5 种风格和 Matplotlib 的风格对比如图 5-18 所示。设置风格的方法主要有三种，set 为通用设置接口，set_style 为风格专用设置接口，axes_style 为设置当前图表的风格，例如 sns. set_style("whitegrid")是设置图像风格为 whitegrid。

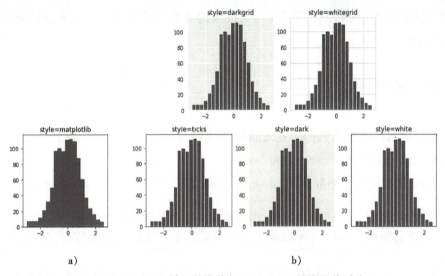

a)
b)

图 5-18　seaborn 的 5 种风格与 Matplotlib 绘图风格对比

a）Matplotlib 绘图风格　b）seaborn 的 5 种风格

seaborn 常用的颜色配置方法有两种，一种是 color_palette，基于 RGB 原理设置颜色的接口，可接收一个调色板对象作为参数，同时可以设置颜色数量；另一种是 hls_palette，基于色相（Hue）、亮度（Luminance）和饱和度（Saturation）原理设置颜色的接口，有 4 个重要参数，分别是颜色数量参数、色相、亮度和饱和度。同时，为了方便查看调色板样式，seaborn 提供了一个专门绘制颜色结果的方法 palplot。

```
import seaborn as sns
sns.palplot(sns.hls_palette(n_colors=8))
```

输出结果如图 5-19 所示。

图 5-19　sns.hls_palette 绘制颜色结果（见彩图）

```
sns.palplot(sns.color_palette(n_colors=8))
```

输出结果如图 5-20 所示。

图 5-20　sns.color_palette 绘制颜色结果（见彩图）

两者的区别在于 hls_palette 提供了均匀过渡的 8 种颜色样例，而 color_palette 只是提供了 8 种不同的颜色。

5.3.2 关系图

关系图能够直接地展示数据变量之间的关系以及这些关系如何依赖其他变量，seaborn 提供了两种具体的关系图 scatterplot 和 lineplot。

scatterplot 函数用于绘制散点图，lineplot 函数用于绘制线形图，其语法格式如下：

```
seaborn.scatterplot(x,y,hue = None,style = None,size = None,data)
seaborn.lineplot(x = None,y = None,hue = None,style = None,size = None,data = None)
```

通常使用 seaborn 用来对数据进行可视化，但是 seaborn 也自带了部分经典数据集，用于基本的绘制。在联网状态下，可以通过 load_dataset()接口来进行获取，返回的数据集格式为 pandas.DataFrame。

这里首先来查看 seaborn 自带了哪些数据集。

```
import seaborn as sns
names = sns.get_dataset_names()
print(names)
```

输出结果如下：

```
['anagrams','anscombe','attention','brain_networks','car_crashes','diamonds','dots','exercise','flights','fmri','gammas','geyser','iris','mpg','penguins','planets','taxis','tips','titanic']
```

其中，flights 为统计了从 1949~1960 年的航班消息的数据集，tips 为小费数据集。下面就借助 seaborn 自带数据集来学习 seaborn 的使用。

示例：绘制散点图。

以自带数据集中 tips 数据集作为示例，可以通过下面的代码来查看 tips 数据集有哪些列。

```
tips = sns.load_dataset('tips')
tips.columns
```

输出结果为：

```
Index(['total_bill','tip','sex','smoker','day','time','size'],dtype = 'object')
```

上述结果分别代表了分别代表了总账单(total-bill)、小费(tip)、性别(sex)、是否吸烟(smoker)、星期几(day)、哪顿饭(time)和人数(size)。

可以通过 tips.head() 来查看前 5 行数据，见表 5-16。

表 5-16　前 5 行数据

total_bill	tip	sex	smoker	day	time	size
16.99	1.01	Female	No	Sun	Dinner	2
10.34	1.66	Male	No	Sun	Dinner	3
21.01	3.50	Male	No	Sun	Dinner	3
23.68	3.31	Male	No	Sun	Dinner	2
24.59	3.61	Female	No	Sun	Dinner	4

对这些数据进行分析，例如查看小费和总账单之间的关系。
具体实现代码如下：

```
import seaborn as sns
import matplotlib.pyplot as plt
tips = sns.load_dataset('tips')
sns.scatterplot(x="total_bill",y="tip",data=tips)
plt.show()
```

执行结果如图 5-21 所示。

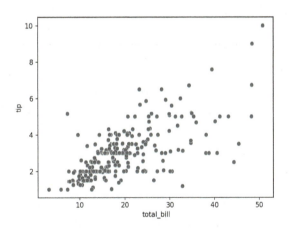

图 5-21　小费和总账单的散点图

可以查看时间、小费和总账单关系，style 根据 time 参数的不同取值生成不同的标记点，代码如下：

```
sns.scatterplot(x="total_bill",y="tip",hue="time",style="time",data=tips)
```

执行结果如图 5-22 所示。

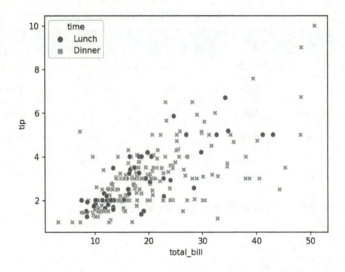

图 5-22　设置 style 后的时间、小费和总账单关系图

示例：绘制线形图。

本示例使用自带数据集中 flight（航班信息）数据集来做示例，同样可以通过 head( )函数先查看前 5 行数据：

```
import seaborn as sns
tips = sns.load_dataset('flights')
print(tips.head())
```

执行结果见表 5-17。

表 5-17　前 5 行数据

year	month	passengers
1949	Jan	112
1949	Feb	118
1949	Mar	132
1949	Apr	129
1949	May	121

通过上述输出结果可以看出，数据集一共有 3 列，第一列为年份，第二列为月，第三列为当前月的登记人数。提取其中 1950 年的数据并转化为线形图，具体实现代码如下：

```
import matplotlib.pyplot as plt
import seaborn as sns
plt.rcParams['font.sans-serif'] = ['SimHei']
data = sns.load_dataset('flights')
sns.lineplot(x='month', y='passengers', data=data[data.year==1950])
plt.title('1950年每月登机人数')
plt.show()
```

执行结果如图 5-23 所示。

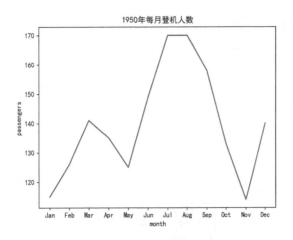

图 5-23　1950 年每月登机人数线形图

5.3.3　分布图

分布图可以直观地显示一个或多个变量在某个维度上的分布情况。seaborn 提供了几种具体的绘制单变量分布图的函数，包括 displot、kdeplot 和 rugplot 等。

seaborn 中的 kdeplot 函数可以用于对单变量和双变量进行核密度估计并可视化。rugplot 函数用于绘制轴须图。在轴须图中，所有数据点都在一个轴上绘制，每个点一个刻度或线条。与直方图相比，轴须图的分布情况不太好理解，但是在呈现数据方面更紧凑。seaborn 中的 displot 函数用于绘制直方图，并结合了轴须图、核密度估计图等。这几种函数的语法格式如下：

```
sns.kdeplot(x, y, shade=None, cumulative=False, cbar=False)
sns.rugplot(x, height=0.025, axis=None, ax=None, data=None, y=None, hue=None)
seaborn.displot(data, x, y, hue, row, col, kind, rug, kde, color)
```

其中，kdeplot 函数的 shade 参数用于控制是否对核密度估计曲线下的面积进行色彩填充，cumulative 参数用于控制是否绘制核密度估计的累计分布，cbar 参数用于控制在绘制二维核密度估计图时是否在图像右侧边添加比色卡。displot 函数的 rug 参数表示是否要画轴须图，kde 参数表示是否要画核密度估计图，kind 可以选择 hist、kde 或 ecdf，默认为 hist。

接下来利用 seaborn 自带数据集 tips，画出总账的一维核密度估计图。

示例：kdeplot( )、rugplot( )函数示例。具体实现代码如下：

```
import seaborn as sns
import matplotlib.pyplot as plt
plt.rcParams['font.size'] = 15
data = sns.load_dataset("tips")
sns.rugplot(x = 'total_bill', data = data)
plt.show()
```

执行结果如图 5-24 所示。

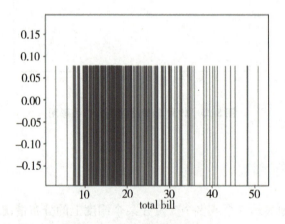

图 5-24　一维核密度估计图

同样，使用 tips 数据集来看一下总账的核密度分布图的具体实现。实现代码如下：

```
import seaborn as sns
import matplotlib.pyplot as plt
plt.rcParams['font.size'] = 15
data = sns.load_dataset("tips")
sns.kdeplot(x = 'total_bill', data = data, height = 0.7)   # 核密度分布图
plt.show()
```

执行结果如图 5-25 所示。

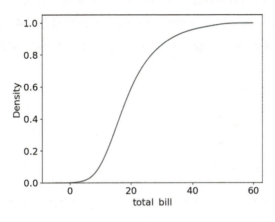

图 5-25　核密度分布图

同样，使用 tips 数据集来看一下小费、总账的二维核密度估计图的具体实现。
实现代码如下：

```
import seaborn as sns
import matplotlib.pyplot as plt
plt.rcParams['font.size'] = 15
data = sns.load_dataset("tips")
sns.kdeplot(x = 'total_bill', y = 'tip', data = data, shade = True, cbar = True)  # 二维核密度估计图
plt.show()
```

执行结果如图 5-26 所示。

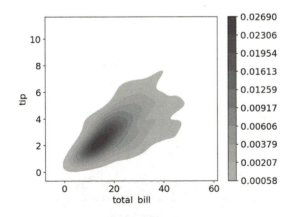

图 5-26　二维核密度估计图（见彩图）

示例：displot()函数示例。

本示例使用 seaborn 中自带的鸢尾花(iris)数据集，它是很常用的一个数据集。鸢尾花有三个亚属，分别是山鸢尾(iris-setosa)、变色鸢尾(iris-versicolor)和弗吉尼亚鸢尾（iris-virginica）。

该数据集一共包含 4 个特征变量，1 个类别变量。iris 数据集有哪些列，通过代码查看。

具体代码如下：

```
import seaborn as sns
import matplotlib.pyplot as plt
plt.rcParams['font.size'] = 15
data = sns.load_dataset("iris")
print(data.columns)
```

输出结果如下：

```
Index(['sepal_length','sepal_width','petal_length','petal_width','species'],dtype='object')
```

上述结果分别代表了花萼长度、花萼宽度、花瓣长度、花瓣宽度和类别。

下面通过 displot()函数绘制直方图，展示花瓣长度。

具体代码如下：

```
import seaborn as sns
import matplotlib.pyplot as plt
plt.rcParams['font.size'] = 15
iris = sns.load_dataset("iris")
ax = sns.distplot(iris.petal_length)
plt.show()
```

执行结果如图 5-27 所示。

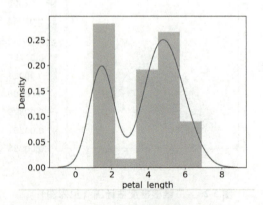

图 5-27　直方图

5.3.4 矩阵图

seaborn 的常用矩阵图为热力图。热力图在实际中常用于展示一组变量的相关系数矩阵。在展示列表的数据分布上也有较大的用途，通过热力图可以非常直观地感受到数值大小的差异情况。

热力图函数为 seaborn.heatmap()，具体使用格式如下：

> seaborn.heatmap(data, vmin = None, vmax = None, cmap = None, center = None, annot = None, linewidths = 0,)

其中，vmin 表示最小值；vmax 表示最大值；cmap 表示色彩颜色的选择；center 表示中心值；annot 表示是否要标出每个格的大小；默认为不标出，linewidths 表示每个单元格之间的宽度，默认为 0，也就是格子之间没有间隔。

下面通过示例来具体学习热力图。

示例：通过 1949～1960 年航班消息的数据集（flights），来绘制数据集的热力图。

具体代码如下：

```
import matplotlib.pyplot as plt
import seaborn as sns
data = sns.load_dataset('flights')
data = data.pivot("month","year","passengers")
sns.heatmap(data)
plt.show()
```

这里的 DataFrame.pivot(index = None, columns = None, values = None) 的功能为重塑数据，使用来自索引/列的唯一的值（去除重复值）为轴形成 DataFrame 的结果。在这里就是以 month 为行索引，year 为列索引，passengers 为数据，对原 DataDrame 进行重塑。

执行结果如图 5-28 所示。

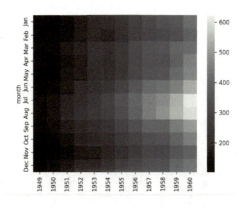

图 5-28 热力图数据分布（见彩图）

5.3.5 分类图

seaborn 提供了三类具体的绘制分类图的函数，包括分类散点图、分类分布图和分类预测图。

分类散点图函数包括 stripplot( )和 swarmplot( )，常用的语法格式如下：

```
seaborn.stripplot( * [ ,x,y,hue,data,order,…])
seaborn.swarmplot( * [ ,x,y,hue,data,order,…])
```

其中，stripplot( )用于绘制分类散点图，可以显示测量变量在每个类别的分布情况，绘制的散点呈带状，数据较多时会有重叠的部分。swarmplot( )用于绘制分簇散点图，与stripplot( )类似，但绘制的数据点不会重叠。

下面通过示例来具体学习 stripplot( )、swarmplot( )函数的使用。

示例：使用 seaborn 自带的小费数据集，根据日期查看总账(total_bill)的分类散点图和分簇散点图。具体代码如下：

```
import seaborn as sns
import matplotlib.pyplot as plt
tips = sns.load_dataset('tips')
sns.stripplot(x="day",y="total_bill",data=tips) #分类散点图
sns.swarmplot(x="day",y="total_bill",data=tips) #分类散点图
plt.show()
```

执行结果如图 5-29 和图 5-30 所示。

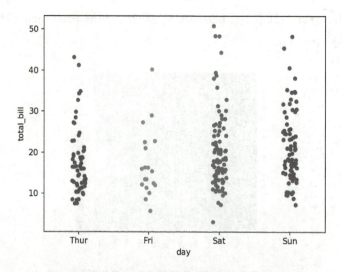

图 5-29　stripplot 绘制总账分类散点图（见彩图）

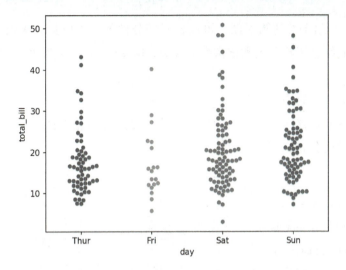

图 5-30　swarmplot 绘制总账分簇散点图（见彩图）

也可以通过设置 dodge 参数将两类分开，运行结果如图 5-31 所示。

sns.stripplot（x="day",y="total_bill",hue="sex",data=tips,dodge=True）

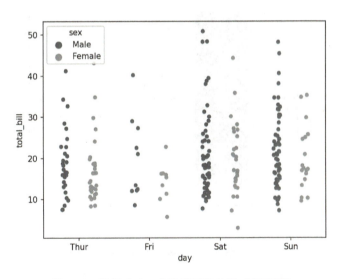

图 5-31　设置 dodge 参数的运行结果（见彩图）

分类分布图函数包括 boxplot( )、violinplot( )和 boxenplot( )。常用的语法格式如下：

seaborn.boxplot（*[,x,y,hue,data,order,…]）
seaborn.violinplot（*[,x,y,hue,data,order,…]）
seaborn.boxenplot（*[,x,y,hue,data,order,…]）

其中，boxplot()用于绘制箱形图，可以显示四分位数、中位数和极值；violinplot()用于绘制小提琴图，它结合了箱形图和核密度估计图；boxenplot()用于为更大的数据集绘制增强箱形图。

示例：绘制分类分布图。

这里依然使用 tips 数据集，首先导入数据集，然后通过箱形图、小提琴图和增强箱形图来查看吃饭人数的分布。

箱形图代码：

```
import seaborn as sns
import matplotlib.pyplot as plt
tips = sns.load_dataset('tips')
sns.boxplot(x='size', data=tips)
plt.show()
```

执行结果如图 5-32 所示。

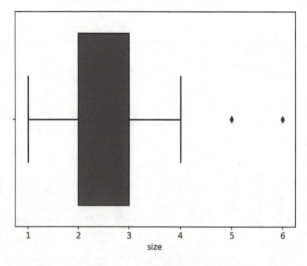

图 5-32　吃饭人数箱形图

小提琴图代码：

```
import seaborn as sns
import matplotlib.pyplot as plt
tips = sns.load_dataset('tips')
sns.violinplot(x='size', data=tips)
plt.show()
```

执行结果如图 5-33 所示。

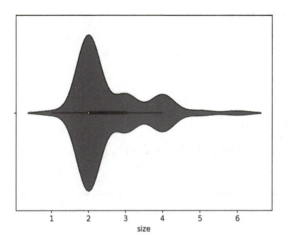

图 5-33　吃饭人数小提琴图

增强箱形图代码如下：

```
import seaborn as sns
import matplotlib.pyplot as plt
tips = sns.load_dataset('tips')
sns.boxenplot(x='size',data=tips)
plt.show()
```

执行结果如图 5-34 所示。

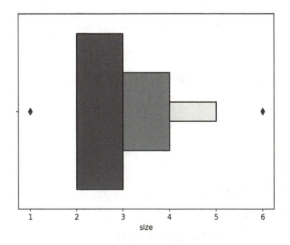

图 5-34　吃饭人数增强箱形图

示例：绘制分类分布图。

这里依然使用 tips 数据集，首先导入数据集，然后通过箱形图、小提琴图和增强箱形图来根据性别查看总体费用分布。

箱形图代码：

```
import seaborn as sns
import matplotlib.pyplot as plt
tips = sns.load_dataset('tips')
sns.boxplot(x='sex', y='total_bill', data=tips)
plt.show()
```

执行结果如图 5-35 所示。

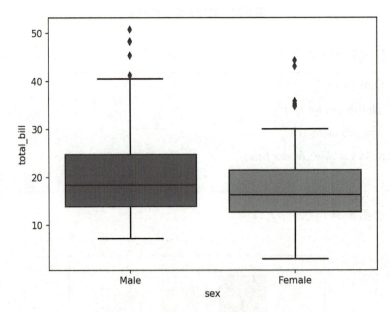

图 5-35　根据性别查看总体费用箱形图

小提琴图代码：

```
import seaborn as sns
import matplotlib.pyplot as plt
tips = sns.load_dataset('tips')
sns.violinplot(x='sex', y='total_bill', data=tips)
plt.show()
```

执行结果如图 5-36 所示。

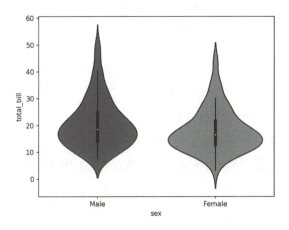

图 5-36　根据性别查看总体费用小提琴图

增强箱形图代码：

```
import seaborn as sns
import matplotlib.pyplot as plt
tips = sns.load_dataset('tips')
sns.boxenplot(x='sex', y='total_bill', data=tips)
plt.show()
```

执行结果如图 5-37 所示。

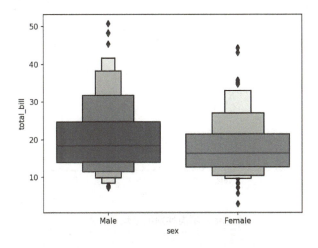

图 5-37　根据性别查看总体费用增强箱形图

分类预测图函数包括 pointplot( )、barplot( )和 countplot( )。常用的语法格式如下：

seaborn.pointplot(x,y,hue,data,order,markers,linestyles,dodge,join)
seaborn.barplot(x,y,hue,data,order,ci=95,capsize)
seaborn.countplot(x,y,hue,data,order)

其中，pointplot( )用于绘制点图，可以使用散点图符号显示点估计和置信区间；barplot( )用于绘制直方图，使用直方图显示点估计和置信区间；countplot( )用于绘制计数的直方图，使用直方图显示每个分类中的观察值计数。

接下来通过示例来学习不同函数的使用。

示例：导入 tips 数据集，使用 pointplot( )函数统计不同性别的平均小费。

具体实现代码如下：

```
import seaborn as sns
import matplotlib.pyplot as plt
tips = sns.load_dataset('tips')
sns.pointplot(x='sex',y='tip',data=tips)
plt.show()
```

执行结果如图 5-38 所示。

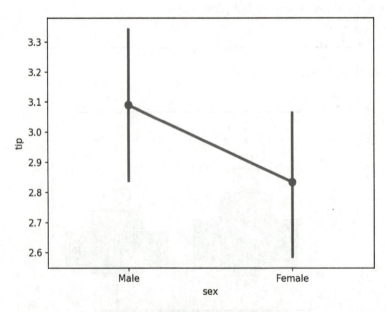

图 5-38　不同性别的平均小费点图

示例：导入 tips 数据集，使用 pointplot( )函数统计不同时间抽烟与否对账单的影响。

代码如下：

```
sns.pointplot(x = "time", y = "total_bill", hue = 'smoker', data = tips)
```

执行结果如图 5-39 所示。

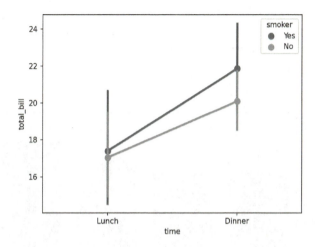

图 5-39　统计不同时间抽烟与否对账单的影响

可以看出点图的部分线条重复了，为了避免这种情况，可以设置 dodge 参数来避免重复。

```
sns.pointplot(x = "time", y = "total_bill", hue = 'smoker', dodge = True, data = tips)
```

执行结果如图 5-40 所示。

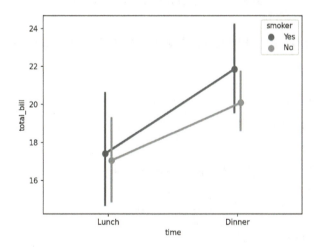

图 5-40　设置 dodge 参数避免线条重复

示例：导入 tips 数据集，使用 barplot() 函数统计不同 day 的平均小费。

具体代码如下：

```
import seaborn as sns
import matplotlib.pyplot as plt
tips = sns.load_dataset('tips')
sns.barplot(x='day',y='tip',data=tips)
plt.show()
```

执行结果如图 5-41 所示。

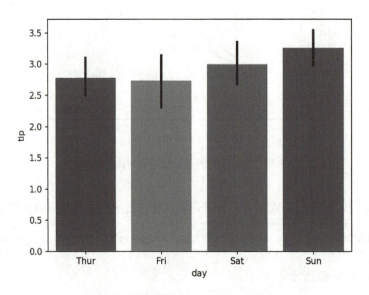

图 5-41　不同性别的平均小费（见彩图）

示例：导入 tips 数据集，使用 barplot()函数统计不同时间抽烟与否对账单的影响。

具体代码如下：

```
import seaborn as sns
import matplotlib.pyplot as plt
tips = sns.load_dataset('tips')
sns.barplot(x="day",y="total_bill",hue='smoker',data=tips)
plt.show()
```

执行结果如图 5-42 所示。

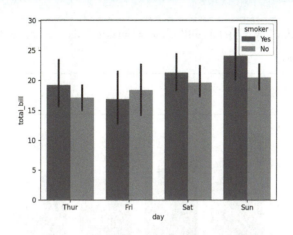

图 5-42　不同时间抽烟与否对账单的影响

同样可以通过 order 来调整显示顺序，输出结果如图 5-43 所示。

```
sns.barplot(x="day",y="total_bill",hue='smoker',data=tips,order=['Sun','Sat','Fri','Thur'])
```

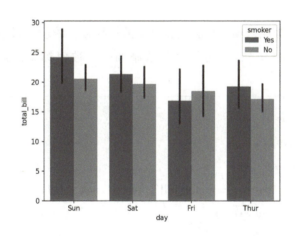

图 5-43　通过 order 参数来调整显示顺序

每个柱条都有一个黑色的线条，该线条为误差线。误差线源于统计学，表示数据误差（或不确定性）范围，以更准确的方式呈现数据。误差线可以用标准差（Standard Deviation，SD）、标准误差（Standard Error，SE）和置信区间表示，使用时可选用任意一种表示方法并做相应说明。当误差线比较"长"时，一般要么是数据离散程度大，要么是数据样本少。

这里默认 ci 为 95% 的置信区间，可以设定不同的置信区间。这里设置 ci = 50，其输出结果如图 5-44 所示。

```
sns.barplot(x="day",y="total_bill",hue='smoker',data=tips,order=['Sun','Sat',
'Fri','Thur'],ci=50)
```

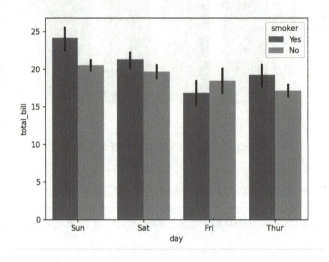

图 5-44　设置不同的置信区间

除此之外，还可以为误差项增加起点和终点的短线段，线段的长度用 capsize 参数进行设置，这里设置 capsize=0.1，并为每个长条添加一个数值标签，其输出结果如图 5-45 所示。

```
import seaborn as sns
import matplotlib.pyplot as plt
tips = sns.load_dataset('tips')
ax = sns.barplot(x="day",y="total_bill",hue='smoker',data=tips,order=['Sun',
'Sat','Fri','Thur'],capsize=0.1)
plt.ylim(0,40)
for p in ax.patches:
    height = p.get_height()
    ax.text(p.get_x()+p.get_width()/2.,height+5,'{:1.2f}'.format
(height),ha="center")    #添加数值标签
plt.show()
```

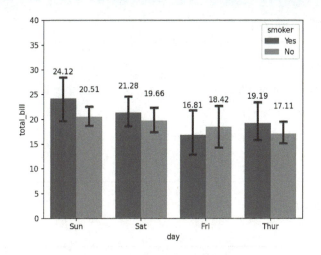

图 5-45 增加短线段和数值标签

示例：导入 tips 数据集，使用 countplot( )函数统计。

统计不同性别的人数具体代码如下：

```
import seaborn as sns
import matplotlib.pyplot as plt
tips = sns.load_dataset('tips')
sns.countplot(x = 'sex', data = tips)
plt.show()
```

执行结果如图 5-46 所示。

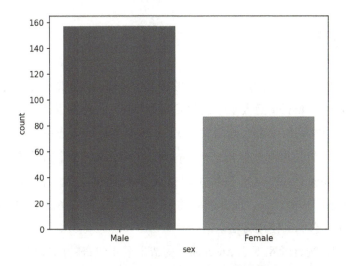

图 5-46 使用 countplot( )函数统计不同性别的人数

通过 hue 参数进行分组统计：

```
import seaborn as sns
import matplotlib.pyplot as plt
tips = sns.load_dataset('tips')
sns.countplot(x = 'sex', hue = 'day', data = tips, palette = "Set1")
plt.show()
```

执行结果如图 5-47 所示。

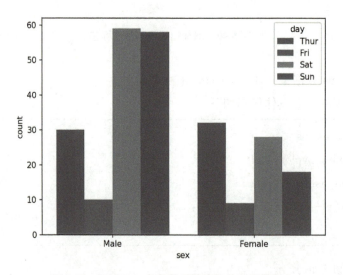

图 5-47　通过 hue 参数进行分组统计（见彩图）

5.3.6　回归图

回归图是使用统计模型估计两个变量间的关系。seaborn 提供了常用的绘制回归图的函数 lmplot()和 regplot()。lmplot 函数用于绘制回归模型图，regplot 函数用于绘制线性回归图。两个函数相似，在基本调用中都会画出关于 x、y 两个变量的散点图，同时进行拟合，并将对应的直线和 95% 的置信区间绘制出来。lmplot()和 regplot()的输出结果几乎相同。它们之间的区别主要在于 regplot 的 x、y 参数可以接受多种数据类型，例如 NumPy 数组、pandas.serie 或者 pandas.DataFrame，而 lmplot 的 x、y 参数必须以字符串的形式给定。这里选用 lmplot 函数来演示它们的使用方法。

示例：1973 年，统计学家 F. J. Anscombe 构造出了 4 组奇特的数据。它告诉人们，在分析数据之前，描绘数据所对应的图像有多么的重要。

这 4 组数据中，x 值的平均数都是 9.0，y 值的平均数都是 7.5；x 值的方差都是 10.0，

y 值的方差都是 3.75；它们的相关度都是 0.816，线性回归线都是 $y = 3 + 0.5x$。单从这些统计数字来看，4 组数据所反映出的实际情况非常相近，而事实上，这 4 组数据有着天壤之别。

接下来对第一组数据进行拟合，具体代码如下：

```
import matplotlib.pyplot as plt
import seaborn as sns
plt.rcParams['font.size'] = 14    # 修改字体大小
anscombe = sns.load_dataset("anscombe")
sns.lmplot(x = "x", y = "y", data = anscombe.query("dataset == 'I'"), ci = None)
# 这里的 ci = None 表示不画出置信区间
plt.show()
```

执行结果如图 5-48 所示。

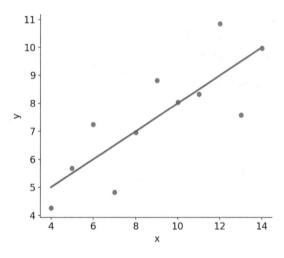

图 5-48　第一组数据拟合结果

对第二组数据进行拟合，具体代码如下：

```
import matplotlib.pyplot as plt
import seaborn as sns
plt.rcParams['font.size'] = 14    # 修改字体大小
anscombe = sns.load_dataset("anscombe")
sns.lmplot(x = "x", y = "y", data = anscombe.query("dataset == 'II'"), ci = None)
plt.show()
```

执行结果如图 5-49 所示。

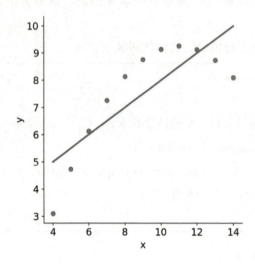

图 5-49　第二组数据拟合结果

根据上述输出结果可以看出，线性回归并不是一个最佳的模型，可以通过 order 参数来使用多项式回归进行拟合，输出结果如图 5-50 所示。

sns. lmplot(x = "x" , y = "y" , data = anscombe. query(" dataset = = 'II'") , order = 2 , ci = None)

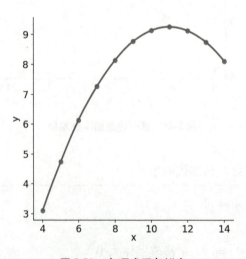

图 5-50　多项式回归拟合

seaborn 中的回归函数除了 lmplot( )和 regplot( )之外，还有一个 residplot 函数，用于绘制线性回归残差图。它主要用于检查一个简单的回归模型对于某个数据集是否合适。实现方式为首先拟合一个简单的线性回归模型并移除它，然后将每个观测点与预测值的残差画出来。理想情况下，这些残差应该随机地分布在 x 轴两侧。

示例： 对 Anscombe's quartet 数据集的第一组数据做线性回归残差图，输出结果如图 5-51 所示。

```
import matplotlib.pyplot as plt
import seaborn as sns
plt.rcParams['font.size'] = 14   # 修改字体大小
anscombe = sns.load_dataset("anscombe")
sns.residplot(x="x", y="y", data=anscombe.query("dataset == 'I'"), scatter_kws={"s":80})
plt.show()
```

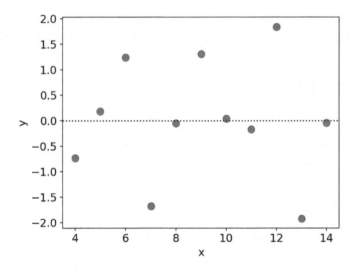

图 5-51　第一组数据的线性回归残差图

5.3.7　多绘图网格

seaborn 中有两种常用的绘制子图的方法，分别是 FacetGrid 和 PairGrid。

FacetGrid 是 seaborn 里面构建子图的方式，FacetGrid 最多可以绘制三个维度：row、col 和 hue。前两个与所得的轴阵列有明显的对应关系，可以将 hue 变量视为沿着深度轴的第三维，在其中用不同的颜色绘制不同的级别。FacetGrid 对象将数据框作为输入，并将构成网格的 row、col 或 hue 尺寸的变量名称作为输入。

FacetGrid 参数说明见表 5-18。

表 5-18 FacetGrid 参数说明

参数	说明
data	DataFrame 数据
row, col, hue	定义数据子集的变量，这些变量将在网格的不同方面绘制
col_wrap	以此参数值来限制网格的列维度，以便列面跨越多行
share{x, y}	如果为 true，则跨列共享 y 轴或者跨行共享 x 轴
height	每个图片的高度设定（以英寸为单位）
aspect	每个图片的纵横比，因此 aspect × height 给出每个图片的宽度，单位为英寸
{row, col, hue}_order	对所给命令级别进行排序。默认情况下，是在数据中显示的级别，如果变量是 pandas 分类，则为类别顺序

这里还需要使用函数 FacetGrid.map(func, args, *kwargs)，将绘图功能应用于数据的每个子图。

示例：导入小费数据集并初始化一个 2×2 的网格图。

```
import seaborn as sns
import numpy as np
import matplotlib.pyplot as plt
plt.rcParams['font.size'] = 12
tips = sns.load_dataset("tips")
sns.FacetGrid(tips, col = "time", row = "smoker")
plt.show()
```

执行结果如图 5-52 所示。

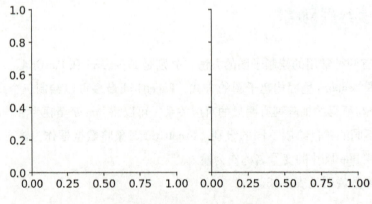

图 5-52 初始化的 2×2 网格图

然后在每个子图绘制一个单变量图。

```
g = sns.FacetGrid(tips,col = "time",row = "smoker")
g.map(plt.hist,"total_bill")
plt.show()
```

执行结果如图5-53所示。

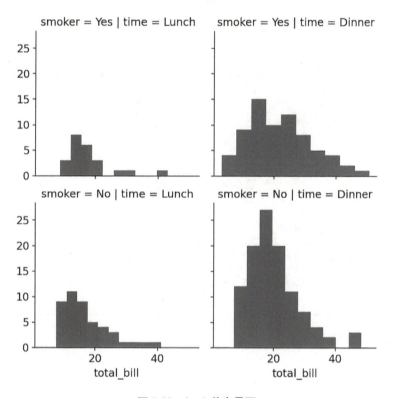

图5-53 2×2 单变量图

上面的直方图为单变量分布图，下面在每个子图绘制一个双变量函数。

```
g = sns.FacetGrid(tips,col = "time",row = "smoker")
g.map(plt.scatter,"total_bill","tip")
plt.show()
```

执行结果如图5-54所示。

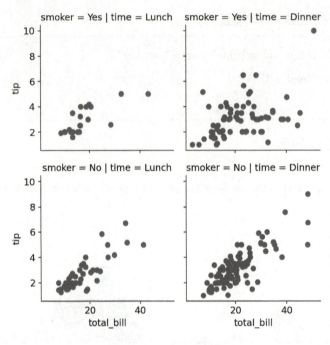

图 5-54　2×2 双变量图

使用 hue 参数进行分组统计。

```
g = sns.FacetGrid(tips,col="time",hue="smoker")
g.map(plt.scatter,"total_bill","tip",edgecolor="w").add_legend()
plt.show()
```

执行结果如图 5-55 所示。

图 5-55　使用 hue 参数进行分组统计

PairGrid 允许使用相同的绘图类型绘制子图的网格以可视化数据。与 FacetGrid 不同，它为每个子图使用不同的变量对，形成子图的矩阵。Pairgrid 的用法类似于 Facetgrid。首先初始化网格，然后通过绘图功能为每个子图添加内容。

示例：本示例使用鸢尾花数据集，下面通过散点图查看各变量之间的关系，具体代码如下：

```
import seaborn as sns
import matplotlib.pyplot as plt
plt.rcParams['font.size'] = 12
iris = sns.load_dataset("iris")
x = sns.PairGrid(iris)
x.map(plt.scatter)
plt.show()
```

执行结果如图 5-56 所示。

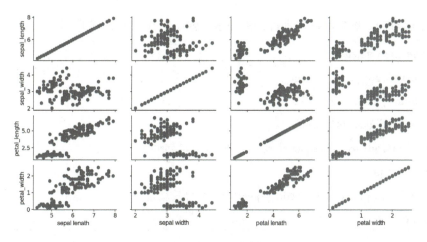

图 5-56　变量之间的关系

通过 map_diag 把对角线图调成直方图，并通过 map_offdiag 把非对角线图设置成散点图。

```
import seaborn as sns
import matplotlib.pyplot as plt
plt.rcParams['font.size'] = 12
iris = sns.load_dataset("iris")
x = sns.PairGrid(iris)
x.map_diag(plt.hist)
x.map_offdiag(plt.scatter)
plt.show()
```

执行结果如图 5-57 所示。

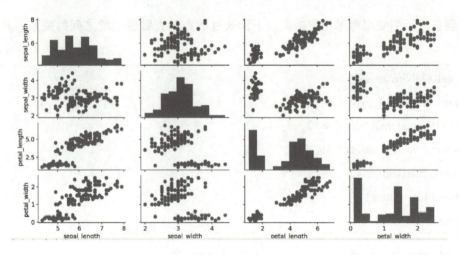

图 5-57 设置为直方图和散点图

也可以通过 hue 参数对数据进行分类展示，输出结果如图 5-58 所示。

```
import seaborn as sns
import matplotlib.pyplot as plt
plt.rcParams['font.size'] = 12
iris = sns.load_dataset("iris")
x = sns.PairGrid(iris, hue = 'species', palette = 'coolwarm')
x.map_diag(plt.hist)
x.map_offdiag(plt.scatter).add_legend()    # 为其增加图例
plt.show()
```

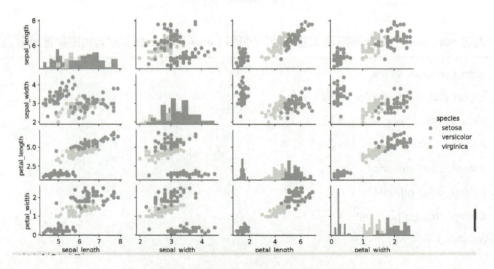

图 5-58 设置 hue 参数进行分类展示

5.4 案例实施：超市数据分析

某大型连锁超市为了拓展用户、提升销量，现需要对（2011～2014 年）销售数据进行"人、货、场"分析，根据分析结果来制定提升销量的针对性建议。

- 场：整体运营情况分析，包括销售额、销量、利润、客单价、市场布局等具体情况分析。
- 货：商品结构、优势/爆款商品、劣势/待优化商品等情况分析。
- 人：客户数量、新老客户、RFM 模型、复购率、回购率等用户行为分析。

5.4.1 加载相关库和数据集

```python
import numpy as np
import pandas as pd
import matplotlib.pyplot as plt
import seaborn as sns
import warnings
plt.rcParams['font.sans-serif'] = ['SimHei']
warnings.filterwarnings('ignore')
```

除了导入一些常用的库以外，另外导入一个 warnings 库来关闭一些作用不大的提示信息。

5.4.2 数据预处理

在加载数据集的时候，使用 ISO-8859-1 编码方式，便于在以后的数据展示中适应中文编码方式。

同时，对一些不符合 Python 命名规范的列名进行重命名，统一采用下划线命名法。

```python
df = pd.read_csv('superstore_dataset2011-2015.csv', encoding='ISO-8859-1')
df.rename(columns = lambda x:x.replace(' ','_').replace('-','_'), inplace=True)
print(df.head())
```

输出结果如下：

```
   Row_ID    Order_ID  Order_Date  ...   Profit  Shipping_Cost  Order_Priority
0   42433   AG-2011-2040   1/1/2011  ...  106.140      35.46          Medium
1   22253   IN-2011-47883  1/1/2011  ...   36.036       9.72          Medium
2   48883   HU-2011-1220   1/1/2011  ...   29.640       8.17          High
3   11731   IT-2011-3647632 1/1/2011 ...  -26.055       4.82          High
4   22255   IN-2011-47883  1/1/2011  ...   37.770       4.70          Medium
```

查看各列的数据类型。

```
print(df.dtypes)
```

输出结果如下：

```
[5 rows x 24 columns]
Row_ID                 int64
Order_ID              object
Order_Date            object
Ship_Date             object
Ship_Mode             object
Customer_ID           object
Customer_Name         object
Segment               object
City                  object
State                 object
Country               object
Postal_Code          float64
Market                object
Region                object
Product_ID            object
Category              object
Sub_Category          object
Product_Name          object
Sales                float64
Quantity               int64
Discount             float64
Profit               float64
```

```
Shipping_Cost        float64
Order_Priority       object
dtype: object
```

从上面看到，大部分为 object 类型，销量、销售额、利润等为数值型，不需要进行数据类型处理。但下单日期应为 datetime 类型，需要进行格式转换。

为了便于分类查找，在数据后增加'Year'和'Month'两列。

```
df["Order_Date"] = pd.to_datetime(df["Order_Date"])
df["Ship_Date"] = pd.to_datetime(df["Ship_Date"])
df['Year'] = df["Order_Date"].dt.year
df['Month'] = df['Order_Date'].values.astype('datetime64[M]')
```

输出结果如下：

```
df.isnull().sum(axis=0)
Row_ID              0
Order_ID            0
Order_Date          0
Ship_Date           0
Ship_Mode           0
Customer_ID         0
Customer_Name       0
Segment             0
City                0
State               0
Country             0
Postal_Code     41296
 .
 .
 .
month               0
dtype: int64
```

可以看到缺失过多的是'Postal_Code'，此列表示邮编信息，对分析没有太多作用，可以直接删除。

```
df.drop(["Postal_Code"],axis=1,inplace=True)
```

5.4.3 数据分析

取整体销售情况的部分数据,包含下单日期、销售额、利润、年份、月份信息,并打印。

```
df1 = df[['Order_Date','Sales','Profit','Year','Month']]
```

按照年份、月份对数据进行分组统计与求和。

```
df1.groupby('Year')['Month'].value_counts()
sales = df1.groupby(['Year','Month']).sum()
```

对以上数据进行拆分,每年切分为一张表格。

```
year_2011 = sales.loc[(2011,slice(None)),:].reset_index()
year_2012 = sales.loc[(2013,slice(None)),:].reset_index()
year_2013 = sales.loc[(2013,slice(None)),:].reset_index()
year_2014 = sales.loc[(2014,slice(None)),:].reset_index()
print(year_2011)
```

这里打印出2011年的表格来展示效果,输出结果如下:

	Year	Month	Sales	Profit
0	2011	2011-01-01	138241.30042	13457.23302
1	2011	2011-02-01	134969.94086	17588.83726
2	2011	2011-03-01	171455.59372	16169.36062
3	2011	2011-04-01	128833.47034	13405.46924
4	2011	2011-05-01	148146.72092	14777.45792
5	2011	2011-06-01	189338.43966	25932.87796
6	2011	2011-07-01	162034.69556	10631.84406
7	2011	2011-08-01	219223.49524	19650.67124
8	2011	2011-09-01	255237.89698	32313.25458
9	2011	2011-10-01	204675.07846	30745.54166
10	2011	2011-11-01	214934.29386	21261.40536
11	2011	2011-12-01	292359.96752	33006.85862

构建利润表（取总体数据中的每年利润数据）。

```
Profit = pd. concat([year_2011['Profit'], year_2012['Profit'], year_2013['Profit'], year_2014['Profit']], axis = 1)
```

对利润表的行名和列名重命名。

```
Profit. columns = ['2011','2012','2013','2014']
Profit. index = ['Jau','Feb','Mar','Apr','May','Jun','Jul','Aug','Sep','Oct','Nov','Dec']
```

计算年度利润，并用柱状图展示。

```
Sum = Profit. sum()
Sum. plot(kind = 'barh')
plt. show()
```

执行结果如图 5-59 所示。

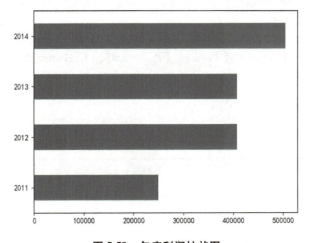

图 5-59　年度利润柱状图

下面用柱状图显示各个地区每年的销售情况。

因为这是一家全球超市，在不同地区都会有市场，所以查看不同地区之间的销售情况。x 轴表示 Market，y 轴表示销售额，图例为年份。

```
Market_Year_Sales = df. groupby(['Market','Year']). agg({'Sales':'sum'}). reset_index()
Market_Year_Sales. head()
sns. barplot(x = 'Market', y = 'Sales', hue = 'Year', data = Market_Year_Sales)
plt. title('Market_Sales')
```

执行结果如图 5-60 所示。

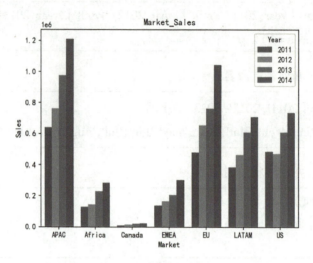

图 5-60　不同地区每年的销售情况（见彩图）

对商品进行分析，分别找出并分析销量、销售额、利润前 10 的商品。

打印销量前 10 的商品：

productId_count = df. groupby('Product_ID'). count( )['Customer_ID']. sort_values(ascending = False)
print(productId_count. head(10))

执行结果如下：

Product_ID	
OFF – AR – 10003651	35
OFF – AR – 10003829	31
OFF – BI – 10002799	30
OFF – BI – 10003708	30
FUR – CH – 10003354	28
OFF – BI – 10002570	27
OFF – BI – 10004140	25
OFF – BI – 10004195	24
OFF – BI – 10001808	24
OFF – BI – 10004632	24
Name：Customer_ID, dtype：int64	

打印销售额前10名的商品：

```
productId_amount = df.groupby('Product_ID').sum()['Sales'].sort_values(ascending = False)
print(productId_amount.head(10))
```

执行结果如下：

```
Product_ID
TEC-CO-10004722      61599.8240
TEC-PH-10004664      30041.5482
OFF-BI-10003527      27453.3840
TEC-MA-10002412      22638.4800
TEC-PH-10004823      22262.1000
FUR-CH-10002024      21870.5760
FUR-CH-10000027      21329.7300
OFF-AP-10004512      21147.0840
FUR-TA-10001889      20730.7557
OFF-BI-10001359      19823.4790
Name: Sales, dtype: float64
```

打印利润前10的商品：

```
productId_Profit = df.groupby('Product_ID').sum()['Profit'].sort_values(ascending = False)
print(productId_Profit.head(10))
```

执行结果如下：

```
Product_ID
TEC-CO-10004722      25199.9280
OFF-AP-10004512      10345.5840
TEC-PH-10004823       8121.4800
OFF-BI-10003527       7753.0390
TEC-CO-10001449       6983.8836
FUR-CH-10002250       6123.2553
TEC-PH-10004664       5455.9482
OFF-AP-10002330       5452.4640
TEC-PH-10000303       5356.8060
```

```
FUR – CH – 10002203        5003.1000
Name：Profit，dtype：float64
```

客户类型分析：

```
df[ "Segment" ].value_counts().plot( kind = 'pie', shadow = True )
plt.show()
```

执行结果如图 5-61 所示。

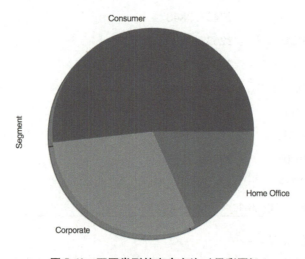

图 5-61　不同类型的客户占比（见彩图）

5.4.4　结论

1）这家超市的总体年利润逐年递增，同时，下半年的利润总体会高于上半年的利润。

2）对地区销售额的分析可知，销售量最高的地区是 APAC，而销售量最低的地区是 Canada。

对于此种情况有两种可能：

一是这家超市在 Canada 地区开的分店还不够多。解决措施就是多开几家店，或许可以提升此地区的销售量。

二是这家超市的本土化还做得不够到位，在当地的宣传也不是很完备。解决措施是进一步推进本土化进程，让当地人的消费意愿更加强烈，这样也可带动销售量的增长。

3）销量最高的大部分是办公用品；销售额最高的大部分是电子产品、家具这些单价较高的商品；利润前 10 的商品有一半是电子产品，可以重点考虑提升这部分产品的销量，来增加整体的利润。

4）客户类型分析显示，这四年来，普通消费者的客户占比最多。可以增加对日用品的进货量，在做宣传时也可着重在此类受众身上下功夫。

单元总结

本单元从 Matplotlib 和 seaborn 的基础知识入手，学习如何绘制各种图形，比如柱状图、饼状图、折线图、关系图、分布图等。通过学习这些知识，全面掌握 Matplotlib 和 seaborn 的绘图方法。本单元中使用了大量的绘图实例，通过实例与知识相结合的方式，让学习 Matplotlib 和 seaborn 绘图变得轻松、有趣。

本单元思维导图如图 5-62 所示。

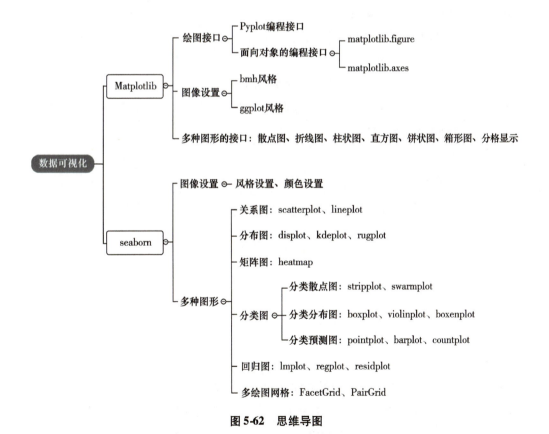

图 5-62　思维导图

数据可视化是为了让数据以一种更直观、更美观的方式展示给数据使用方，漂亮的图表能够让人更加直观地看到数据之间的联系，能够比文字更简洁地描述出想要表达的内容，还能使数据可信度更高。

评价考核

学习单元：数据可视化			
课程性质：理实一体化课程		综合得分：	
知识掌握情况评分（35 分）			
序号	知识考核点	配分	得分
1	Matplotlib Pyplot 编程接口	10	
2	使用 Matplotlib 库绘制多种图形	10	
3	使用 seaborn 库绘制多种图形	15	
工作任务完成情况评分（65 分）			
序号	能力操作考核点	配分	得分
1	加载相关库和数据集	10	
2	销售额分析	15	
3	销量分析	20	
4	利润分析	20	

习 题

一、单项选择题

1. Pyplot 是常用的绘图模块，能很方便地让用户绘制（　　）图表。

　　A. 2D　　　　　B. 3D　　　　　C. 4D　　　　　D. 表格

2. 下面不属于 Pyplot 库中常用函数的是（　　）。

　　A. plot　　　　B. show　　　　C. axes　　　　D. length

3. 在 Matplotlib 库中，提供了两种风格的 API 供开发者使用，一种是（　　）编程接口，另外一种是面向对象的编程接口。

A. plot   B. axes   C. pyplot   D. imshow

4. 相比 Matplotlib 绘图风格，seaborn 绘制的直方图会自动增加空白间隔，图像更为清爽。而不同的 seaborn 风格间，则主要是（ ）的差异。

  A. 绘图背景色   B. 绘图种类

  C. 绘图风格   D. 绘图效果

5. seaborn 自带了一些经典的数据集，用于基本的图表绘制。在联网状态下，可通过（ ）接口进行获取，首次下载后后续即可通过缓存加载。返回数据集格式为 Pandas.DataFrame 对象。

  A. load_dataset   B. dataset

  C. datatget   D. DataFrame

二、填空题

1. Matplotlib 可以绘制线图、散点图、等高线图、条形图、柱状图、3D 图形、甚至是_____等。

2. 在使用面向对象接口进行编程时，主要使用 Matplotlib 中的两个子类：_____和_____，这种方法需要自己创建 figure（画板）和 axes（图表）。

3. _____，又称质量分布图，是一种统计报告图，由一系列高度不等的纵向条纹或线段表示数据分布的情况。

4. seaborn 的画图设置主要分为两类，一个是_____，另一个是_____。

5. seaborn 主要包括 5 种风格，分别是_____、_____、_____、_____和_____。

三、实操题

假设获取到了某地电影票房前 20 的电影（列表 a）和电影票房数据（列表 b），那么如何更加直观地展示该数据？

a = ["战狼2"," 速度与激情8"," 功夫瑜伽"," 西游伏妖篇"," 变形金刚5：最后的骑士"," 摔跤吧！爸爸"," 加勒比海盗5：死无对证"," 金刚：骷髅岛"," 极限特工：终极回归"," 生化危机6：终章"," 乘风破浪"," 神偷奶爸3"," 智取威虎山"," 大闹天竺"," 金刚狼3：殊死一战"," 蜘蛛侠：英雄归来"," 悟空传"," 银河护卫队2"," 情圣"," 新木乃伊"]

b = [56.01, 26.94, 17.53, 16.49, 15.45, 12.96, 11.8, 11.61, 11.28, 11.12, 10.49, 10.3, 8.75, 7.55, 7.32, 6.99, 6.88, 6.86, 6.58, 6.23]

Unit 6

单元6
数据建模

单元概述

在数据分析过程中,数据建模由 scikit-learn 库完成。scikit-learn(简写成 sklearn)是最著名的 Python 机器学习库之一,涵盖了几乎所有机器学习算法。sklearn 基于 BSD 开源许可证,最早由 David Cournapeau 在 2007 年发起,目前由社区志愿者进行维护。sklearn 提供的官方文档为 https://scikit-learn.org/stable/preface.html,内容全面,简单易懂,可自行研究。

本书的机器学习部分大多使用 sklearn 库完成,主要涉及监督学习、无监督学习以及模型的选择与评价。本单元主要学习使用 sklearn 来进行数据建模以及学习分类和回归模型的评价指标。

学习目标

单元目标	
知识目标	掌握 sklearn 数据集的导入方式 掌握如何将数据导入已有的机器学习模型中 掌握数据集划分为训练集和验证集的方法 掌握几种常见的分类回归算法及其命令 掌握分类和回归模型的评价指标的计算方法
能力目标	能够独立安装 sklearn 安装包 能够根据数据选择合适的算法进行数据建模 能够根据评价指标选择最合适的模型
素质目标	培养学生严谨认真的学习态度 提升学生对数据分析算法的理解能力,同时也提高学生对书写水平的认知高度
学习重难点	
重点	sklearn 中常见算法的使用
难点	如何根据数据来选择算法

6.1　scikit – learn 介绍

可以通过在命令行输入 pip install scikit – learn 安装 sklearn 库。

sklearn 自带部分小型数据集，这些数据集数据量较小，可以用来对简单的算法进行效果测试，见表 6-1。

表 6-1　sklearn 中的数据集

数据集	导入函数	适合算法
波士顿房价数据集	load_boston	回归
鸢尾花数据集	load_iris	分类
糖尿病数据集	load_diabetes	回归
手写数字识别数据集	load_digits	分类
健身数据集	load_linnerud	回归
乳腺癌数据集	load_breast_cancer	分类

sklearn 中提供了相当全面的机器学习基本算法，既包括监督学习算法，也包括无监督学习算法。

sklearn 支持包括分类、回归、聚类和降维四大机器学习算法，以及特征提取、数据处理和模型评估三大模块。其中，常用的机器学习算法具体有：

1）分类算法：KNN、朴素贝叶斯、决策树、支持向量机分类（SVC）、集成分类（随机森林、Adaboost、Bagging 等）、逻辑回归。

2）回归算法：线性回归、逻辑回归、岭回归（Ridge）、Lasso 回归、多项式回归、支持向量机回归（SVR）。

3）聚类算法：K 均值（K – means）、层次聚类（Hierarchical Clustering）、DBSCAN。

4）降维算法：线性判别分析法（Linear Discriminant Analysis，LDA）、主成分分析法（Principal Component Analysis，PCA）。

sklearn 中的算法模型都可以通过调用对应的类去创建，表 6-2 和表 6-3 是常用的监督式和无监督式算法的类名。这些算法都通过 fit 函数来训练模型，通过 predict 函数来测试模型。

表 6-2　sklearn 中的监督式学习算法

算法	类名	算法	类名
线性回归	LinearRegression	支持向量机	SVM
岭回归	Ridge	决策树	DecisionTree
Lasso 回归	Lasso	随机森林	RandomForest
Logistic 回归	LogisticRegression		

表 6-3　sklearn 中的无监督式学习算法

算法	类名	算法	类名
主成分分析法	PCA	K 均值算法	K-means
线性判别分析法	LDA	DBSCAN 算法	DBSCAN

使用 sklearn 算法主要有以下几个步骤：

1）加载训练模型所用的数据集。

2）采用合适的比例将数据集划分为训练集和测试集，可以用到 sklearn. model_selection 模块中的 train_test_split( )方法。

train_test_split( )是交叉验证中常用的函数，功能是从样本中随机地按比例选取训练集和测试集，也就是把训练数据进一步拆分成训练集和验证集，这样有助于模型参数的选取。常用的语法格式如下：

```
train_test_split(train_data,train_target,test_size=0.4,random_state=0)
```

其中，train_data 是待划分的样本数据，train_target 是待划分的样本数据标签，test_size 是测试集样本占比，random_state 是随机数种子。

3）选取或者创建合适的训练模型，即初始化模型，比如使用线性回归，model = LinearRegression( )。

4）将训练集中的数据输入到模型中进行训练，使用 model. fit(x, y)即可。

拟合之后可以访问 model 里学到的参数，比如线性回归中特征前的系数 model. coef_或 K 均值里聚类标签 model. labels_。

5）如有必要，可以通过交叉验证等方式大致确定模型所用的合理参数。

6）将测试集中的数据输入到模型中，得到预测结果，使用 model. predict(x)即可。

6.2 KNN算法

6.2.1 KNN算法基础

KNN（K-NearestNeighbor，K最近邻），也称为K邻近算法，是分类算法中最简单的方法之一。所谓K最近邻，就是每个样本都可以用它最接近的k个邻居来代表。

KNN算法的核心思想是如果一个样本在特征空间中的k个最相邻的样本中的大多数属于某一个类别，则该样本也属于这个类别。

KNN分类算法包括以下步骤：

1）计算待分类数据与其他样本点的距离。

2）对距离进行排序，然后选出距离最小的k个样本点。

3）根据投票表决规则将待分类数据归入在k个样本中占比最高的那一类。

投票表决有两种方式：

①投票决定：少数服从多数，近邻中哪个类别的点最多就分为该类。

②加权投票决定：根据距离的远近，对近邻的投票进行加权，距离越近则权重越大（权重为距离平方的倒数）。

特别值得注意的是，最简单的KNN算法没有训练过程，直接统计距离待分类数据最近的k个样本类型，选择最多的类型即可。

下面通过图6-1所示的一个简单的例子进行说明，图中有两个类：蓝色三角形和紫色正方形，现在使用KNN算法决定红色圆属于哪个类。

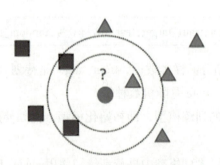

图6-1 KNN分类的示意图

如果k=1，离红色圆最近的是蓝色三角形，则判定为蓝色三角形；如果k=3，蓝色三角形有1个，但是紫色正方形有2个，因此判定为紫色正方形；如果k=5，蓝色三角形有3个，紫色正方形有2个，因此判定为蓝色三角形。

由上例可以看出，KNN算法没有训练过程，直接计算距离得到待分类数据最近的k个样本，再进行投票表决即可。同时，也说明了KNN算法的结果很大程度取决于k的选择。

6.2.2　KNN算法的优缺点

KNN算法的优缺点见表6-4。

表6-4　KNN算法的优缺点

优点	缺点
算法简单，易于理解和实现	计算量较大，需要计算所有样本点与新样本之间的距离
可以用于非线性分类或多分类算法，而且对于类域交叉或重叠较多的样本集，KNN算法比其他算法效果更好	不同k值算法结果可能不同，k值过小，可能会降低分类精度，增加噪声数据的干扰；k值过大，可能会使分类效果较差
对异常点不敏感	不能用于处理样本不均衡的数据集，例如当某一类数据量很大，而其他类的数据量较少时，可能会导致当输入一个新样本时，该样本的k个邻居中大容量类的样本占大多数，而导致分类不准确

6.3　决策树分类算法

决策树（Decision Tree）是一种基本的分类与回归方法。决策树模型呈树形结构，可以认为是 if – then 规则的集合，也可以认为是定义在特征空间与类空间上的条件概率分布。

6.3.1　决策树的组成

先来看一下决策树能完成什么样的任务。假设一个家庭中有 5 名成员：奶奶、爸爸、妈妈、小男孩和小女孩。现在想做一个调查：这 5 个人中谁喜欢玩游戏，这里使用决策树演示这个过程，如图 6-2 所示。

开始的时候，所有人都属于一个集合。第一步，依据性别确定哪些人喜欢玩游戏，如果是女性则可能不喜欢玩游戏，男性则可能喜欢玩游戏，这样就把 5 个成员分成两部分，一部分是右边分支，包含奶奶、妈妈和小女孩，不喜欢玩游戏；另一部分是左边分支，包含爸爸和小男孩，还需要进行细分。

对于左边这个分支，可以再进行细分，也就是进行第二步划分，这次划分的条件是

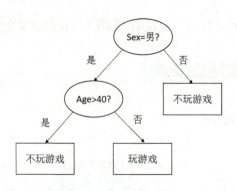

图 6-2 决策树的例子

年龄。如果大于 40 岁则设为不喜欢玩游戏，否则设为喜欢玩游戏。这样就把爸爸和小男孩这个集合再次分成左右两部分。左边为喜欢玩游戏的小男孩，右边为不喜欢玩游戏的爸爸。这样就完成了一个决策任务，划分过程看起来就像是一棵大树，输入数据后，从树的根结点开始一步步往下划分，最后肯定能达到一个不再分裂的位置，也就是最终的结果。

通过上面的过程可以了解到树模型的组成，开始时所有数据都聚集在根结点，也就是起始位置，然后通过各种条件判定合适的前进方向，最终到达不可再分的结点，从而完成整个生命周期。由此可见，决策树包括：

1）根结点：包含数据集中的所有数据的集合。

2）内部结点：每个内部节点为一个判断条件，并且包含数据集中满足从根节点到该节点所有条件的数据的集合。

3）叶子结点：表示一个类，包含在该叶节点的数据属于该类别。

决策树本质上是从训练数据集中归纳出一组分类规则，最终得到一个与训练数据矛盾较小的决策树，同时具有很好的泛化能力。

决策树算法的构建主要有 3 个步骤，分别是特征选择、决策树生成以及决策树剪枝。

1）特征选择：从训练数据的众多特征中选择一个特征作为当前结点的分裂标准，如何选择特征有很多不同的量化评估标准，例如信息增益、信息增益比、基尼指数等，从而衍生出不同的决策树算法，例如 ID3、C4.5 和 CART 等。

2）决策树生成：根据选择的特征评估标准，从上而下递归地生成子节点，直到数据集不可分则停止生长。

3）决策树剪枝：对已生成的树自下而上地进行剪枝，将树变得更简单，使之具有更好的泛化能力。具体地，就是去掉过于细分的叶结点，使其回退到父结点，甚至更高的结点，然后将父结点或更高的结点改为新的叶结点，即通过极小化决策树整体的损失函数或代价函数来实现。

6.3.2 信息熵和信息增益

决策树构建的主要问题就是内部结点的特征选择,一般来说哪个特征划分效果最好就把它放到最前面。

特征能力值的衡量标准就是熵值,定义如下:

若某事件有 n 种相互独立的可能结果,取第 i 个分类结果的概率是 $p(x_i)$,则熵定义为:

$$H(X) = -\sum_{i=1}^{n} p(x_i) \log_2 p(x_i)$$

熵的取值介于 0 和 1 之间,反映了事物内部的混乱程度,熵值越大表示样本在目标属性上的分布越混乱,当所有样本的目标取值都相同时熵为 0,当所有类别的样本数都相同时熵为 1。

信息增益定义为数据集在划分前的信息熵与划分后的信息熵的差值。假设划分前数据集为 S,并使用特征 A 对 S 进行划分,假设特征 A 有 k 个不同取值,则将 S 划分为 k 个子集 $\{S_1, S_2, \cdots, S_k\}$,则其信息增益为:

$$IG(S,A) = H(S) - H_A(S) = H(S) - \sum_{i=1}^{k} \frac{|S_i|}{|S|}$$

式中,$|S_i|$ 为子集 S_i 中的样本数;$|S|$ 为集合 S 中的样本数。

选择划分特征的标准是:信息增益 $IG(S,A)$ 越大,熵值下降得越多,说明使用特征 A 进行划分的子集越有利于将不同样本分开。

6.3.3 ID3 算法

ID3(Iterative Dichotomiser3)是迭代两分器的版本 3,该算法由 Quinlan 于 1986 年提出,是一种根据数据来构建决策树的递归过程,使用信息增益作为选择划分结点的标准。

使用 ID3 算法构建决策树可分为如下 4 个步骤:

1) 使用数据集 S 计算按照每个特征划分后的信息熵和信息增益。
2) 使用上一步信息增益最大的特征,将数据集 S 划分为多个子集。
3) 将该特征作为决策树的结点。
4) 在子结点上使用剩余特征递归执行步骤 1) 至步骤 3)。

ID3 算法的核心是在决策树的每个决策结点中选择特征,使用信息增益最大的特征作为决策结点,使用该特征将数据集分成样本子集后的信息熵值最小。ID3 算法使用过某一个特征后,不会再次使用该特征。

6.3.4　C4.5 算法

ID3 算法只能处理离散型的特征数据，无法处理连续型数据。ID3 算法使用信息增益作为决策结点选择的标准，导致其偏向选择具有较多分支的特征，不剪枝容易导致过拟合。

C4.5 算法是 ID3 算法的改进算法，能够处理连续型特征和离散型特征的数据，它通过信息增益率选择分裂特征。信息增益率等于信息增益与分裂信息的比值，假设训练数据集 S 有特征 A，那么信息增益率定义为：

$$IGRatio(A) = \frac{IG(S,A)}{SplitE(A)}$$

式中，分裂信息 $SplitE(A)$ 表示特征 A 的分裂信息。若训练集 S 通过特征 A 的值划分为 k 个子数据集，$|S_j|$ 表示第 j 个子数据集中样本的数量，$|S|$ 表示 S 中样本总数量，则分裂信息的定义为：

$$SplitE(A) = -\sum_{i=1}^{k} \frac{|S_i|}{|S|} \log_2 \frac{|S_i|}{|S|}$$

C4.5 算法对 ID3 算法进行了改进，可分为如下 5 个步骤：
1）使用数据集 S 计算按照每个特征划分后的信息熵、分裂信息和信息增益率。
2）使用上一步信息增益率最大的特征，将数据集 S 划分为多个子集。
3）将该特征作为决策树的结点。
4）在子结点上使用剩余特征递归执行步骤 1）至步骤 3）。
5）对生成的决策树进行剪枝处理。

6.3.5　决策树算法的优缺点

决策树算法的优缺点见表 6-5。

表 6-5　决策树算法的优缺点

优点	缺点
容易理解和解释，可视化	容易过拟合
数据量不需要太大	对异常值过于敏感
预测数据时的时间复杂度是用于训练决策树的数据点的对数	决策树的结果可能是不稳定的，因为在数据中一个很小的变化可能导致生成一个完全不同的树
能够处理数值属性和对象属性，可以处理多输出的问题	树的每次分裂都减少了数据集，可能会潜在地引进偏差

6.4 支持向量机

SVM（Support Vector Machine，支持向量机）是 Cortes 和 Vapnik 于 1995 年首先提出的，它在解决小样本、非线性及高维模式识别中表现出许多特有的优势，并能够推广应用到函数拟合等其他机器学习问题中。

6.4.1 SVM 理论基础

现在有一个二维平面，平面上有两种线性可分的不同的数据，分别用○和×表示，因此可以用一条直线将这两类数据分开，这条直线相当于一个超平面，超平面一边的数据点所对应的 y 值全是 -1，另一边所对应的 y 值全是 1，如图 6-4 中的左图所示。

这个超平面可以用分类函数 $f(x) = w \cdot x + b$ 表示，当 $f(x)$ 等于 0 时，x 便是位于超平面上的点；而 $f(x)$ 大于 0 的点对应 $y = 1$ 的数据点；$f(x)$ 小于 0 的点对应 $y = -1$ 的点，如图 6-3 中的右图所示。

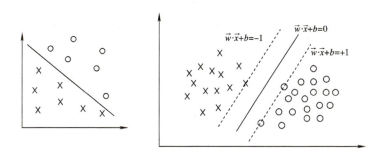

图 6-3　支持向量机分类超平面示意图

6.4.2 线性可分下的支持向量机

当数据线性可分时，这样的超平面理论上存在无限多个，那么哪一个是最好的？直观地看，直线离直线两边的数据的间隔最大，则泛化能力最强，效果最好。因此，SVM 的主要目的就是寻找有着最大间隔的超平面。

想要知道最大间隔，就需要知道数据到超平面的距离。样本点 (x_i, y_i) 到超平面 $w \cdot x + b = 0$ 的距离为 $|w \cdot x_i + b| / \|w\|$，根据 $w \cdot x + b$ 的符号与类标记 y 的符号是否一致可判断分类是否正确，所以可以用 $y(w \cdot x + b)$ 的正负性来判定或表示分类的正确性，定义样本点 (x_i, y_i) 到超平面 $w \cdot x + b = 0$ 的几何间隔为：$\gamma_i = y_i(w \cdot x_i + b) / \|w\|$，超平面关于

所有 N 个样本点的几何间隔的最小值为 $\gamma = \min \gamma_i (i = 1,2,\cdots,N)$。因此，SVM 模型求解最大分割超平面的问题就可以表示为以下最优化问题：

$$\max_{w,b} \gamma$$

约束条件：$y_i(w \cdot x_i + b)/\|w\| \geq \gamma, i = 1,2,\cdots,N$

将约束条件两边同除以 γ，得到：

$$y_i(w \cdot x_i + b)/(\|w\|\gamma) \geq 1$$

令 $w = w/(\|w\|\gamma)$，$b = b/(\|w\|\gamma)$，上式变成：

$$y_i(w \cdot x_i + b) \geq 1$$

由于最大化 γ 等价于最大化 $1/\|w\|$，也就等价于最小化 $\frac{1}{2}\|w\|^2$，因此 SVM 模型求解最大分割超平面问题又可以表示为以下约束最优化问题：

$$\min_{w,b} \frac{1}{2}\|w\|^2$$

约束条件：$y_i(w \cdot x_i + b) \geq 1, i = 1,2,\cdots,N$

为了解上述最优化问题，通常使用其拉格朗日对偶形式，给每一个约束条件加上一个拉格朗日乘子 α，即将有约束的原始目标函数转换为无约束的新构造的拉格朗日目标函数：

$$L(w,b,\alpha) = \frac{1}{2}\|w\|^2 - \sum_{i=1}^{N} \alpha_i(y_i(w \cdot x_i + b) - 1)$$

式中，$\alpha_i \geq 0$。要求解 $L(w, b, \alpha)$ 的最大值，对 L 函数求偏导并令其等于 0 即可得到。令 $\frac{\partial L}{\partial w} = 0$，$\frac{\partial L}{\partial b} = 0$，可得：

$$w = \sum_{i=1}^{N} \alpha_i y_i x_i$$

$$\sum_{i=1}^{N} \alpha_i y_i = 0$$

将上式代入拉格朗日目标函数，消去 w 和 b，可得到最优化问题：

$$\max_{\alpha} \sum_{i=1}^{N} \alpha_i - \frac{1}{2} \sum_{i=1}^{N} \sum_{j=1}^{N} \alpha_i \alpha_j y_i y_j x_i^T x_j$$

约束条件：$\sum_{i=1}^{N} \alpha_i y_i = 0$

将数据中对应于 $\alpha_i > 0$ 的点称为支持向量，这些点决定了最优分离超平面。

如图 6-4 所示，中间的实线便是得到的最优分离超平面，它到两条虚线边界的距离相等，这个距离称为 Margin，两条虚线间隔边界之间的距离等于 $2 \times$ Margin，而虚线间隔边界上的点可能是支持向量（只有数据中对应于 $\alpha_i > 0$ 的点才称为支持向量，当数据线性可分时，这些点一定在虚线间隔边界上，但是虚线间隔边界上的点 α_i 可能等于 0）。

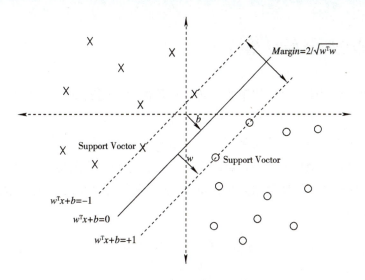

图 6-4 最优分离超平面示意图

6.4.3 线性不可分下的支持向量机

当数据线性不可分时，约束条件 $y_i(w \cdot x_i + b) \geq 1$ 将很难满足，需要对每个样本点 (x_i, y_i) 引入一个松弛变量 $\xi_i \geq 0$，最优化问题变为：

$$\min_{w,b,\xi} \frac{1}{2} \|w\|^2 + C \sum_{i=1}^{N} \xi_i$$

约束条件：$y_i(w \cdot x_i + b) \geq 1 - \xi_i, \xi_i \geq 0, i = 1, 2, \cdots, N$

式中，$C > 0$ 称为惩罚因子，C 值大时对误分类的惩罚增大，是调和最大间隔和误分类点个数的系数。

6.4.4 支持向量机的优缺点

支持向量机的优缺点见表 6-6。

表 6-6 支持向量机的优缺点

优点	缺点
有坚实的理论基础	难以处理大规模训练样本
可以很自然地使用核技巧	解决多分类问题存在困难
在某种意义上避免了"维数灾难"。最终决策函数只由少数的支持向量所确定，计算的复杂性取决于支持向量的数目，而不是样本空间的维数	对缺失数据敏感，对参数和核函数的选择敏感
泛化能力强	

6.4.5 非线性支持向量机

解决非线性分类问题,可以使用核技巧,将数据映射到高维空间来解决在原始空间中线性不可分的问题。常用核函数有:线性核函数、多项式核函数、高斯核函数等。

具体来说,在线性不可分的情况下,SVM首先在低维空间中完成计算,然后通过核函数将输入空间映射到高维特征空间,最终在高维特征空间中构造出最优分离超平面,从而把平面上本身不好分的非线性数据分开。如图6-5所示,数据在二维空间无法划分,从而映射到三维空间里划分。

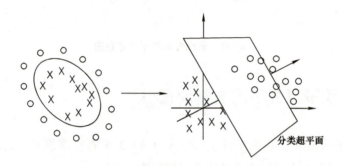

图 6-5　通过核函数将数据从二维空间映射到三维空间

6.5　度量分类模型的性能

6.5.1　混淆矩阵

混淆矩阵(Confusion Matrix)又称为误差矩阵,是一种特定的用矩阵来呈现算法性能的可视化工具,通常用于监督学习。每一行代表实际的类别,每一列代表预测值。这个名字来源于它可以表明多个类别是否有混淆(也就是一个分类被预测成了另一个分类)。

案例1:医学模型的混淆矩阵构建。

在日常生活工作中,通过大数据分析建模,可以帮助人们进行有效的科学预测。例如,在医院里,医生通过对体检者各种数据的收集,进行建模分析,可以对就诊者是否患有某一种疾病进行判断。

将患病设置为阳性,健康设置为阴性,共有4种可能的情况:

1)当就诊者实际患病,且模型判断为患病时,称之为真阳性(True Positive, TP)。

2）当就诊者实际健康，且模型判断为健康时，称之为真阴性（True Negative，TN）。

3）当就诊者实际患病，但模型判断为健康时，称之为假阴性（False Negative，FN）。

4）当就诊者实际健康，但模型判断为患病时，称之为假阳性（False Positive，FP）。

其混淆矩阵见表 6-7。

表 6-7 医学模型的混淆矩阵

	判断为患病	判断为健康
患病	TP	FN
健康	FP	TN

案例 2：垃圾邮件检测模型的混淆矩阵构建。

为识别所接收的邮件中有哪些邮件是对接收方完全没有意义的邮件，可以训练一个用于垃圾邮件检测的模型。

将垃圾邮件设置为阳性，正常邮件设置为阴性，同样可以分为 4 种情况：

1）当邮件为垃圾邮件，且模型也判断为垃圾邮件时，为 TP。

2）当邮件为正常邮件，且模型也判断为正常邮件时，为 TN。

3）当邮件为垃圾邮件，但模型判断为正常邮件时，为 FN。

4）当邮件为正常邮件，但模型判断为垃圾邮件时，为 FP。

其混淆矩阵见表 6-8。

表 6-8 垃圾邮件检测模型的混淆矩阵

	判断为垃圾邮件	判断为正常邮件
垃圾邮件	TP	FN
正常邮件	FP	TN

6.5.2 准确率

准确率（Accuracy）是预测正确的样本数量占总样本数量的百分比，准确率可以帮助人们初步判断一个模型的好坏、预测的是否准确。准确率公式如下：

$$Acc = \frac{TP + TN}{TP + TN + FP + FN}$$

案例 1：医学模型的准确率。

在医学模型中，假设一共有 10 000 个样本，其中 1000 人实际患病，也被模型判断出患病；8000 人健康，也被模型判断为健康；200 人实际患病，但是被判断为健康；800 人健康,但是被判断为患病,则其混淆矩阵见表6-9。

表6-9 医学模型的混淆矩阵(代入数值)

	判断为患病	判断为健康
患病	1000 TP	200 FN
健康	800 FP	8000 TN

准确率:

$$Acc = \frac{TP + TN}{TP + TN + FP + FN} = \frac{1000 + 8000}{1000 + 8000 + 800 + 200} = 0.9$$

案例2:垃圾邮件检测模型的准确率。

在垃圾邮件检测模型中,假设一共有1000个样本,其中100封邮件实际为垃圾邮件,模型也判断为垃圾邮件;700封邮件实际为正常邮件,模型也判断为正常邮件;165封实际为垃圾邮件,但是模型判断为正常邮件;35封为正常邮件,但是模型判断为垃圾邮件,则其混淆矩阵见表6-10。

表6-10 垃圾邮件检测模型的混淆矩阵(代入数值)

	判断为垃圾邮件	判断为正常邮件
垃圾邮件	100 TP	165 FN
正常邮件	35 FP	700 TN

准确率:

$$Acc = \frac{TP + TN}{TP + TN + FP + FN} = \frac{100 + 700}{100 + 700 + 35 + 165} = 0.8$$

准确率是分类或者判断正确的样本占总样本的比例,准确率越高,说明模型分类越准确,模型也就越好。可是实际上真的是这样吗?

案例3:准确率的有效性。

假设现有一个用来判断银行信用卡用户是否为欺诈用户的模型,共有样本360 500人,其中500人是欺诈用户,目的在于最大限度地找出这500个欺诈用户,如果此时以准确率去判断一个模型的好坏是否有效？

如果此时模型结果显示，在这 360 500 人中，所有人都是好客户，没有欺诈用户，这时准确率是多少？首先，得到其混淆矩阵，见表 6-11。

表 6-11　欺诈用户模型的混淆矩阵

	预测欺诈客户	预测好客户
欺诈客户	0 TP	500 FN
好客户	0 FP	360000 TN

然后计算其准确率：

$$Acc = \frac{TP + TN}{TP + TN + FP + FN} = \frac{0 + 360000}{0 + 360000 + 0 + 500} \approx 0.999$$

此时准确率接近 100%，但是该模型区分度很好吗？当然不是，因为训练该模型的目的是希望模型可以找出欺诈客户，可是该模型一个都没有找到，所以说此时模型是无效的，但是准确率却很高。

在混淆矩阵里，有两种错误，一种是 False Negative（假阴性），另一种是 False Positive（假阳性）。那么在医学模型中，通常更希望避免假阴性呢还是假阳性？在垃圾邮件分类中呢？

在医学模型中，假阴性代表实际患病但模型却把患者判断为健康，假阳性代表实际健康但模型却把就诊者判断为患病。不难发现，在医学模型中，应该避免假阴性，可能实际患病的人，需要及时治疗，但是却因为判断错误而贻误了最佳治疗时间，这是重大的医疗事故。但是相反，如果一个健康的人被误诊为患病，不太可能导致生命危险，所以在同等条件下，在医学模型中，应该更加避免假阴性，见表 6-12。

表 6-12　医学模型错误的严重性

	判断为患病	判断为健康
患病		避免 FN
健康	FP	

在垃圾邮件检测模型中，假阴性代表实际是垃圾邮件，但是却被判断为正常邮件，假阳性代表实际是正常邮件，但是却被判断为垃圾邮件，此时更应该避免哪种错误呢？不难发现，在垃圾邮件检测的模型中，更应该避免假阳性，也就是把正常邮件当成了垃圾邮件，如果实际生活中，比如一个重要客户发了一份非常重要的邮件，但是却被模型当成了垃圾

邮件，此时事情是很严重的。但是假阴性，也就是把垃圾邮件当成正常邮件，最多就是在收件箱里看到了垃圾邮件，所以在同等条件下，在垃圾邮件分类模型中，更应该避免假阳性，见表6-13。

表6-13 垃圾邮件检测模型错误的严重性

	判断为垃圾邮件	判断为正常邮件
垃圾邮件		FN
正常邮件	避免 FP	

6.5.3 精确率和召回率

精确率（Precision）表示在所有预测为阳性（Guessed Positive）的数据中，有多少是真正的阳性。召回率（Recall）表示在所有实际为阳性的数据中，预测对了多少阳性（Guessed Positive）。

根据上一小节可知，在医学模型中，更应该避免假阴性，而在垃圾邮件分类中，更应该避免假阳性，所以在垃圾邮件分类中，精确率越高越好，而在医学模型中，召回率越高越好。

$$精确率：P = \frac{TP}{TP + FP}$$

$$召回率：R = \frac{TP}{TP + FN}$$

案例1：医学模型的准确率和召回率。

在医学模型中，800个没有患病的被误诊为患病的，但是需要避免假阴性，也就是实际患病而被误判断为健康的，所以此时精确率较低，也不能就此判断模型性能较差，应该更加关注召回率。其精确率和召回率分别为：

$$P = \frac{TP}{TP + FP} = \frac{1000}{1000 + 800} \approx 0.556$$

$$R = \frac{TP}{TP + FN} = \frac{1000}{1000 + 200} \approx 0.833$$

案例2：垃圾邮件检测模型的准确率和召回率。

在垃圾邮件分类中，35封正常邮件被误判断为垃圾邮件，此时如果需要进一步提升模型的效果，则应该更加关注精确率。其精确率和召回率分别为：

$$P = \frac{TP}{TP + FP} = \frac{100}{100 + 35} \approx 0.741$$

$$R = \frac{TP}{TP + FN} = \frac{100}{100 + 165} \approx 0.377$$

6.5.4 F_1 值

到目前为止，已经学习了精确率和召回率。通过分析，也知道对于不同需求的模型，侧重点是不同的。但是是不是在医学模型中，只要召回率足够好，就不用考虑精确率，或者说在垃圾邮件分类模型中，只要精确率足够好，就不用考虑召回率呢？可以假想一下，如果一个医学模型中召回率很高，意味着该模型能把患病人群有效地找出来，但是如果该模型精确率不够，就意味着该模型也同样会把很多健康的人诊断为患病。同样在垃圾邮件分类中，如果精确率很高，但是召回率却很低，这就意味着虽然正常的邮件不会被当作垃圾邮件丢进垃圾箱，但是同样，会在收件箱中看到很多垃圾邮件。

有没有一个方法，可以既关注准确率又关注召回率，换句话说就是把两个指标平衡一下呢？可能这个时候就想到取均值，那么把两个指标取均值可不可以呢，来看一个案例。

假设有两个模型，两个模型的精确率和召回率见表6-14。综合考虑精确率和召回率，那么两个模型哪个相对更优？

表6-14 模型的 Precision 和 Recall

	Precision	Recall	平均值
模型1	0.5	0.4	0.45
模型2	0.02	1	0.51

如果取算术平均值，那么相对来说模型2要比模型1更优。但模型2的准确率较低，如果综合考虑准确率和召回率，那么模型1应该相对于模型2更优。因此单纯地使用精确率和召回率的平均值去评价一个模型是不合理的。

在数学中，上面的平均数 $mean_a = \dfrac{x+y}{2}$，称为算数平均数，还有另一种平均数，称为调和平均数 $mean_h = \dfrac{2xy}{x+y}$，计算模型1和模型2的调和平均数分别为：

$$mean_{h1} = \frac{2xy}{x+y} = \frac{2 \times 0.5 \times 0.4}{0.5 + 0.4} \approx 0.444$$

$$mean_{h2} = \frac{2xy}{x+y} = \frac{2 \times 0.02 \times 1}{1 + 0.02} \approx 0.039$$

因为 $mean_{h1} > mean_{h2}$，所以模型1优于模型2，更符合对模型评价的预期。调和平均数的特点在于易受极端值的影响，且受极小值的影响更大，因此更适合评价模型的精确率和召回率相差较大的分类问题，可以很好地调和二者从而得到综合得分。精确率和召回率的调和平均数称为 F_1 值（$F_1 score$），即：

$$F_1 = \frac{2PR}{P+R}$$

案例1：医学模型的 F_1 值。

医学模型的准确率、召回率和 F_1 值分别为：

$$P = \frac{TP}{TP + FP} = \frac{1000}{1000 + 800} \approx 0.556$$

$$R = \frac{TP}{TP + FN} = \frac{1000}{1000 + 200} \approx 0.833$$

$$F_1 = \frac{2PR}{P + R} = \frac{2 \times 0.556 \times 0.833}{0.556 + 0.833} \approx 0.667$$

案例2：垃圾邮件分类模型的 F_1 值。

垃圾分类模型的准确率、召回率和 F_1 值分别为：

$$P = \frac{TP}{TP + FP} = \frac{100}{100 + 35} \approx 0.741$$

$$R = \frac{TP}{TP + FN} = \frac{100}{100 + 165} \approx 0.377$$

$$F_1 = \frac{2PR}{P + R} = \frac{2 \times 0.741 \times 0.377}{0.741 + 0.377} \approx 0.5$$

正如前面提到的，不同的模型对 Precision 和 Recall 有主次的侧重点，但似乎 F_1 Score 并没有对二者的侧重点有任何体现，那么有没有一种综合得分，又能对两种指标有所侧重，又能兼顾二者的平衡？答案是有的，就是 F_β score，事实上 F_1 Score 只是 F_β score 的一种形式。F_β score 的公式为：

$$F_\beta = (1 + \beta^2) \times \frac{PR}{\beta^2 \times P + R}$$

当 $\beta = 1$ 时，F_β 就是 F_1 值，这也是它名字的由来，所以如果想对 Precision 或者 Recall 有侧重点的话，只需要更改 β 的值就可以了。β 值的设置有一些规律：

1）如果模型更加侧重于 Precision，则把 β 的值设置为 0～1 之间的数。

2）如果模型更加侧重于 Recall，则把 β 的值设置为大于 1 的数。

3）β 值不宜设置得过高或者过低，具体设置为多少没有特定的数值，根据数据、模型实际效果可自行调整，直至最合适的值。

6.5.5　ROC 和 AUC

受试者工作特征曲线（Receiver Operating Characteristic，ROC）是反映敏感性和特异性连续变量的综合指标，是用构图法揭示敏感性和特异性的相互关系，它通过将连续变量设定出多个不同的临界值，计算出一系列敏感性和特异性，再以敏感性为纵坐标、(1−特异性)为横坐标绘制曲线，曲线下的面积越大，诊断准确性越高。在 ROC 曲线上，最靠近坐标图左上方的点为敏感性和特异性均较高的临界值。接下来，将学习如何绘制 ROC 曲线。

假设现有一个二分类的模型，该模型的作用就是尽最大可能区分两类。

首先，如图 6-6 所示，左边是蓝色的点，右边是红色的点，找到一个位置，可以完美地区分开红色和蓝色点，称为完美分割（Perfect Split）。

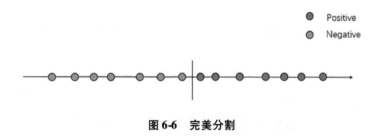

图 6-6　完美分割

接下来，如图 6-7 所示，找到一个位置，在最大程度上区分开了红色和蓝色的点，称为好的分割（Good Split）。

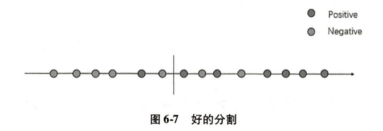

图 6-7　好的分割

最后，如图 6-8 所示，不管在哪个位置，都不能很好地区分红色和蓝色的点，称为随机分割（Random Split）。

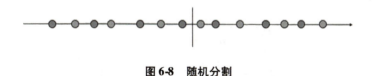

图 6-8　随机分割

在学习 ROC 曲线前，需要先了解两个概念：

1）真正例率（True Positive Rate，TPR）：

$$TPR = \frac{TruePositives}{AllPositives} = \frac{TP}{TP+FN}$$

2）假正例率（False Positive Rate，FPR）：

$$FPR = \frac{FalsePositives}{AllNegatives} = \frac{FP}{TN+FP}$$

如图 6-9 所示，红色为阳性点，蓝色为阴性点，通过划分，将左边区域设置为阴性，右边区域设置为阳性,通过上面的公式来分别计算 TPR 和 FPR 的值。

图 6-9 中间划分

$$TPR = \frac{TruePositives}{AllPositives} = \frac{6}{7} \approx 0.857$$

$$FPR = \frac{FalsePositives}{AllNegatives} = \frac{2}{7} \approx 0.286$$

将 FPR 作为横坐标,TPR 作为纵坐标,则该点的坐标标记为(0.286,0.86)。

接下来把中间的线段移动到最左边,如图 6-10 所示,再来分别计算 TPR 和 FPR 的值。

图 6-10 左侧划分

此时,因为所有的点都被认为是阳性点,所以 7 个阳性点中,都被分类正确,而 7 个阴性点中,都被分为阳性点。

$$TPR = \frac{TruePositives}{AllPositives} = \frac{7}{7} = 1$$

$$FPR = \frac{FalsePositives}{AllNegatives} = \frac{7}{7} = 1$$

所以把此点坐标标记为(1,1)。

接下来把线段移动到最右边,如图 6-11 所示,再来分别计算 TPR 和 FPR 的值。

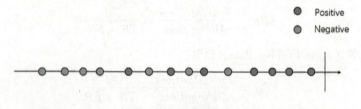

图 6-11 右侧划分

此时，因为所有的点都被认为是阴性点，所以 7 个阳性点中，0 个被分类正确，而在 7 个阴性点中，没有被误认为是阳性的点。

$$TPR = \frac{TruePositives}{AllPositives} = \frac{0}{7} = 0$$

$$FPR = \frac{FalsePositives}{AllNegatives} = \frac{0}{7} = 0$$

所以把此点标记为（0，0）。

接下来同理，通过移动线段到不同的位置，得到多个坐标，如图 6-12 所示。

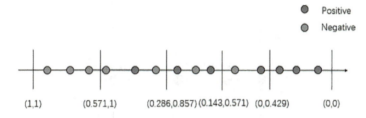

图 6-12　好的分割的标注点的坐标

此时把所有的坐标点投射到坐标轴上，再把所有的点两两相连，就得到了一条曲线，称这条曲线为 ROC 曲线，如图 6-13 所示，曲线下的面积称为 AUC（Area Under ROC Curve）。

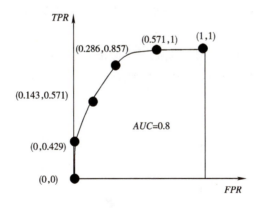

图 6-13　ROC 曲线和 AUC 面积

上面的 ROC 曲线和 AUC 面积是在好的分割（Good Split）的基础上做出来的，接下来看看对于完美分割（Perfect Split），它的 ROC 曲线和 AUC 面积是多少？同理通过移动线段来得到多个指标点，如图 6-14 所示。

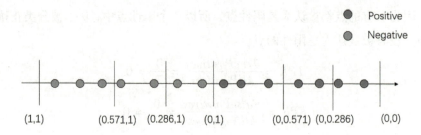

图 6-14　完美分割的标注点的坐标

同样把所有的点都投射到坐标轴上，如图 6-15 所示。

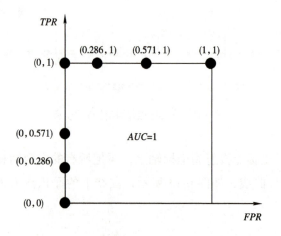

图 6-15　完美分割的 ROC 曲线和 AUC 面积

可以发现此时的 AUC 曲线的弧形变成了类似正方形的线段，且曲面下面积为 1。同理，随机分割的 ROC 曲线和 AUC 面积如图 6-16 所示。

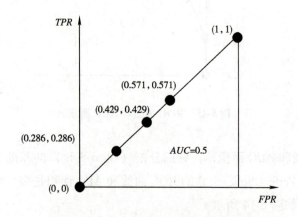

图 6-16　随机分割的 ROC 曲线和 AUC 面积

通过对比不难发现,模型的分类效果越好,ROC 曲线的弧度越大,且 AUC 面积越大,如果模型可以全部分类正确,则 ROC 曲线为正方形,且 AUC 面积为 1,不过一般情况下不太可能出现完全分类正确,如果真的出现了,需要考虑模型是否过拟合了。一般情况下 $0.5 < AUC < 1$,大于 0.75 就可以认为该模型是一个有效的模型,如果 AUC 面积很小,比如 0.5,则说明该模型没有效果。

6.5.6 通过 sklearn 来实现分类模型性能的度量

sklearn.metrics 中的 confusion_matrix、accuracy_score、precision_score、recall_score、f1_score 分别用于计算混淆矩阵、准确率、精确率、召回率和 F_1 值。

```
from sklearn.metrics import confusion_matrix, accuracy_score, precision_score, recall_score, f1_score
confusion_matrix(y_true, y_pred, *, labels = None, sample_weight = None, normalize = None)
accuracy_score(y_true, y_pred, *, normalize = True, sample_weight = None)
precision_score(y_true, y_pred, *, labels = None, pos_label = 1, average = 'binary', sample_weight = None, zero_division = 'warn')
recall_score(y_true, y_pred, *, labels = None, pos_label = 1, average = 'binary', sample_weight = None, zero_division = 'warn')
f1_score(y_true, y_pred, *, labels = None, pos_label = 1, average = 'binary', sample_weight = None, zero_division = 'warn')
```

准确率、精确率、召回率、F_1 值函数的参数说明见表 6-15。

表 6-15 准确率、精确率、召回率、F_1 值函数的参数说明

参数	参数说明
y_true	真实值
y_pred	预测值
labels	混淆矩阵的索引,如果没有赋值,则按照其在真实值和预测值中出现过的值排序
sample_weight	样本权重
normalize	confusion_matrix 函数的 normalize 参数取值范围为 {'true'、'pred'、'all'},默认为 None,表示是否对其进行规范化。accuracy_score 函数的 normalize 默认值为 True,表示返回正确分类的比例,如果为 False,则返回正确分类的样本数

(续)

参数	参数说明
pos_label	默认值为1。如果 average = 'binar'且是二分类问题，则表示要输出的数据类别；如果是多分类，则忽略；如果是 average! = 'binary'且 labels = [pos_ label]，则只会输出这一类的结果
average	{'micro', 'macro', 'samples', 'weighted', 'binary'}，默认为 None None：返回一个数组，包含每一类的结果；'binary'：二分类问题，返回 pos_ label 指定类的结果；'micro'：给出了每个样本类以及它对整个 metrics 的贡献的 pair (sample – weight)，而非对整个类的 metrics 求和，它会对每个类的 metrics 上的权重及因子进行求和，来计算整个份额；'macro'：计算二分类 metrics 的均值，为每个类给出相同权重的分值。'weighted'：对于不均衡数量的类来说，计算二分类 metrics 的平均值，通过在每个类的 score 上进行加权实现；'samples'：在评估数据中，通过计算真实类和预测类的差异的 metrics，来求平均（sample_weight – weighted）
zero_division	设置当存在零为除数时返回的值，默认为 warn

示例代码如下：

```
from sklearn.metrics import confusion_matrix, accuracy_score, precision_score, recall_score, f1_score

y_test = [0,0,0,0,0,1,1,1,1,1,0,0,0,0,0,1,1,1,1,1]    # 1 – positive, 0 – negative
y_pred = [0,0,0,1,0,1,1,1,0,1,0,0,0,0,0,1,1,1,0,0]
print('混淆矩阵:', confusion_matrix(y_test, y_pred))    # 先出现的0，所以混淆矩阵第一行是0，第二行是1
print('准确率:', accuracy_score(y_test, y_pred))
print('精确率:', precision_score(y_test, y_pred))
print('召回率:', recall_score(y_test, y_pred))
print('F1 值:', f1_score(y_test, y_pred))
```

运行上述程序，输出结果如下：

```
混淆矩阵: [[9 1]
          [3 7]]
准确率: 0.8
精确率: 0.875
召回率: 0.7
F1 值: 0.7777777777777777
```

sklearn.metrics 提供了 roc_curve 和 auc 函数来得到模型的 ROC 和 AUC。

> sklearn.metrics.roc_curve(y_true, y_score, pos_label = None, sample_weight = None, drop_intermediate = True)
>
> sklearn.metrics.auc(x, y, reorder = False)

其中，drop_intermediate 可以用于设置丢掉一些阈值。roc_curve 函数返回三个值，分别是假正例率、真正例率以及对预测值逆序排列后的结果。

示例代码如下：

```
import numpy as np
import matplotlib.pyplot as plt
from sklearn.metrics import roc_curve, auc
y = np.array([1,1,2,2])
pred = np.array([0.1,0.4,0.35,0.8])    # 每个样本是阳性的概率
fpr, tpr, thresholds = roc_curve(y, pred, pos_label = 2) # 非二进制需要 pos_label 来指定哪个标签是正，这里指定 2 是正样本，1 是负样本
print('FPR:', fpr)
print('TPR:', tpr)
print('thresholds:', thresholds)


AUC = auc(fpr, tpr)
print('AUC:', AUC)
plt.plot(fpr, tpr)
plt.title('ROC (AUC:{0})'.format(AUC))
plt.ylabel('True Positive Rate')
plt.xlabel('False Positive Rate')
```

运行上述程序，输出结果如下和图 6-17 所示。

```
FPR: [0.  0.  0.5 0.5 1.]
TPR: [0.  0.5 0.5 1.  1.]
thresholds: [1.8 0.8 0.4 0.35 0.1]
AUC: 0.75
```

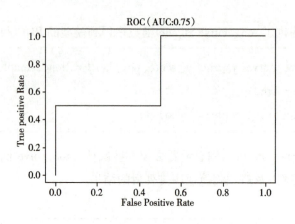

图 6-17　输出的 ROC 结果

这里 pred 是样本是正样本的概率，比如 0.1 就意味着有 10% 的可能性属于正样本，90% 的可能性属于负样本。当阈值 = 0.1 时，只要属于正样本的概率大于 10% 就将其判别为正样本，也就是说此时 4 个样本都是类别 2，此时的 TP = 2，FP = 2，TN = 0，FN = 2，可得 FPR = 1，TPR = 1。分别取阈值为 0.8、0.4、0.35 和 0.1，得到 ROC 曲线。

6.6　度量回归模型的性能

6.6.1　平均绝对误差

在之前的内容里，已经学习了混淆矩阵及衍生而来的一些评价指标，但是上面的评价指标只适合于分类问题，比如训练一个模型，去评估一个人是否生病、一封邮件是否是垃圾邮件、客户是否是欺诈用户等。但是如果训练的模型是去预估一个房子的价格、学生的成绩、小区的用电量等这类连续性数值的问题，上面的指标就不合适了，所以在本节中，将学习新的评价指标用于评估回归类（结果为连续数值）模型的指标。

在统计数据中，平均绝对误差（Mean Absolute Error，MAE）是表示同一现象的成对观测值之间误差的度量。

如图 6-18 所示，x 轴对应房屋面积，y 轴对应房屋价格，不同的房屋面积对应不同的房屋价格，如果此时有一套 250m^2 的房子，但是不知道价格，那是否可以通过对已知房屋的面积和价格的对应关系，来预估该房屋的价格呢？比如有 3 个选项：200 万元、300 万元、450 万元，如果从这 3 个价格中选取一个最合适的价格，应该选哪个？毫无疑问，应该选450 万元，因为房屋面积越大，房价应该越贵。这就是一个最简单的回归问题。

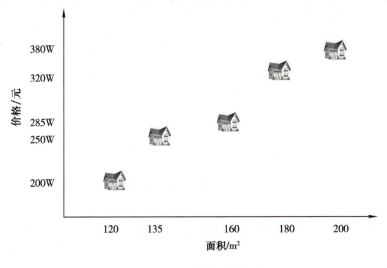

图 6-18　面积和价格

那么把这个任务教给机器，机器是怎么通过学习建模的呢？首先输入一些房屋的面积和价格，然后机器通过对这些数据进行学习，从而拟合出一条线段，让所有的数据样本都尽可能地落在或者贴近这条线段，从而对未知的数据进行预测，如图 6-19 所示。

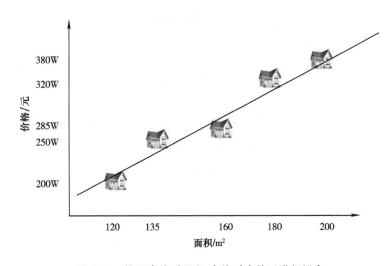

图 6-19　使用直线对面积-房价对应关系进行拟合

那么机器是怎么通过 Mean Absolute Error 指标进行学习，从而找到了一个最佳的拟合线段？

假设有一堆点，要求得到一条直线，使得这条直线可以很好地拟合所有点，如图 6-20 所示。

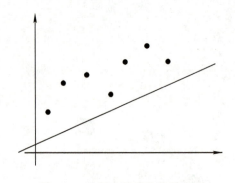

图 6-20　使用直线对点进行拟合

每个点到直线的距离之和就是误差,如图 6-21 所示。

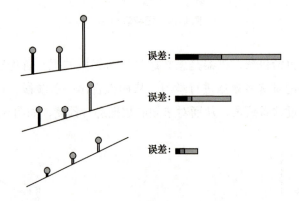

图 6-21　点到直线的距离之和

因为可能有的点在线段上方,有的点在线段下方,可能存在误差是负值的情况,所以需要为误差加上绝对值,当把所有的误差绝对值相加,再除以点的个数,就是 MAE,即:

$$MAE = \frac{1}{m}\sum_{i=1}^{m}|Y - \hat{Y}|$$

式中,Y 是点的 y 轴坐标,$\hat{Y}$ 为预测值,m 为点的数量。MAE 越小,说明模型越准确,误差也就越小。

6.6.2　均方误差

6.6.1 中介绍了平均绝对误差,并且知道这个值越小,误差越小,模型越好。下面将学习另一个指标——均方误差(Mean Squared Error,MSE)。

均方误差是反映估计量与真实量之间差异程度的期望值,常被用于评价数据的变化程度,预测数据的精确度。

接下来通过一个案例来学习如何计算均方误差。

通过6.6.1节的学习可知，Mean Absolute Error 是点到线段的距离的和相加，如图6-22所示。

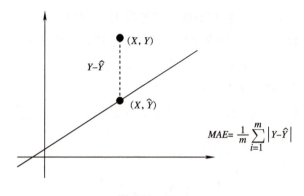

图 6-22　MAE

Mean Squared Error 只是把点到线的距离变成面积再相加，如图6-23所示。

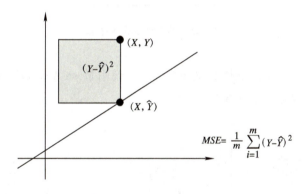

图 6-23　MSE

同理，当所有的面积和相加最小时，也就是误差最小时，意味着模型的效果越好，如图6-24所示。

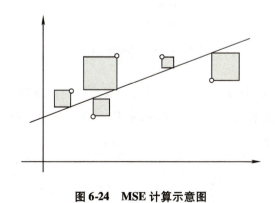

图 6-24　MSE 计算示意图

6.6.3 平均绝对误差和均方误差对比

通过上面的学习可知，回归模型的评价指标有 Mean Absolute Error 和 Mean Squared Error，一个是把点到线的误差的绝对值相加，另一个是把点到线的面积误差相加，两个值都是越小越好。那么二者有什么区别呢？在实际模型应用中，哪一个指标更合适？下面将通过一个案例来对两个评价指标进行对比。

如图 6-25 所示，用一条直线来拟合 4 个点，那么在 A、B、C 这 3 条直线中，哪一条可以更好地拟合图中的 4 个点？

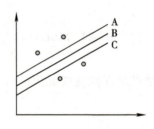

图 6-25　用直线拟合 4 个点

通过上面的学习，一定会选择 B 这条线段。实现用 Mean Absolute Error 的方法来分别统计一下这 3 条直线的误差，如图 6-26 所示。

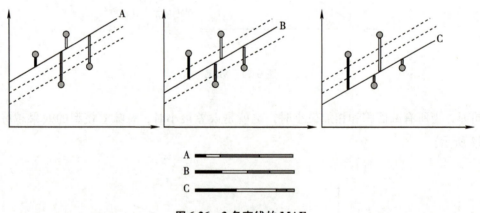

图 6-26　3 条直线的 MAE

可以发现，使用 Mean Absolute Error 方法，三条线段的误差累计是一样的，这样便没法判断哪条直线最好，那么如果换成 Mean Squared Error 呢，如图 6-27 所示。

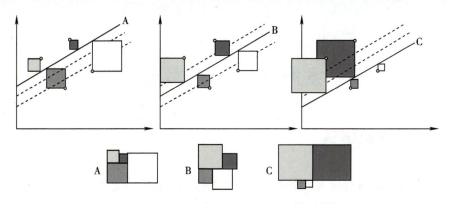

图6-27 3条直线的MSE（见彩图）

如图6-27所示，使用Mean Squared Error计算后，4个点到B这条线段的累加面积最小，说明B这条线段最拟合。

所以在回归问题中，更倾向于选择Mean Squared Error去评价模型的好坏。

6.6.4 通过sklearn来实现回归模型性能的度量

sklearn.metrics提供了mean_absolute_error和mean_squared_error函数来计算模型的平均绝对误差和均方误差。

示例代码如下：

```
from sklearn.metrics import mean_squared_error # 均方误差
from sklearn.metrics import mean_absolute_error # 平均绝对误差
y_test = [1.04,2.26,5.39,7.08,8.89]
y_pred = [0.89,3.94,5.75,7.73,8.01]
print('平均绝对误差:',mean_absolute_error(y_test,y_pred))
print('均方误差:',mean_squared_error(y_test,y_pred))
```

运行上述程序，输出结果如下：

```
平均绝对误差: 0.7440000000000003
均方误差: 0.8342800000000006
```

6.7 案例实施：手写数字识别

6.7.1 导入数据集

通过 load_digits()方法导入数据集，然后查看数据集有哪些属性以及各属性的维度：

```
import numpy as np
import matplotlib.pyplot as plt
from sklearn import datasets
from sklearn.model_selection import train_test_split

digits = datasets.load_digits()    #导入 digits 数据集
print(digits.keys())    #查看 digits 中有哪些属性
print(digits.data.shape,digits.target.shape,digits.target_names.shape,digits.images.shape)
```

运行上述程序，输出结果如下：

```
dict_keys(['data','target','frame','feature_names','target_names','images','DESCR'])
(1797,64) (1797,) (10,) (1797,8,8)
```

可以看到，data 数据包含了 1797 个样本点的 64 个特征数据，而 image 中将这些样本的数据组织成了 8×8 的矩阵，target 分别对应着这些样本的标签值。这里可以选取一张图片进行显示，输出结果如图 6-28 所示。

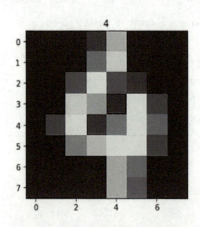

图 6-28　第 100 张图像（见彩图）

```python
digits_X = digits.data
digits_y = digits.target
plt.imshow(digits_X[100].reshape((8,8)))
plt.title('{0}'.format(digits_y[100]))    # 将标签作为 title
```

6.7.2 数据集划分

在分类前,将数据集划分为训练集和测试集,设置测试集的占比为10%。

```python
train_x,test_x,train_y,test_y = train_test_split(digits_X,digits_y,random_state=1,test_size=0.1)
print("训练集样本数量为{0},测试集样本数量为{1}".format(len(train_x),len(test_x)))
```

运行上述程序,输出结果如下:

```
训练集样本数量为1617,测试集样本数量为180
```

6.7.3 分类和测试

(1) KNN 算法

sklearn.neighbors 模块中有 KNeighborsClassifier 模型来实现 KNN 算法,常用语法格式如下:

```python
KNeighborsClassifier(n_neighbors=5,weights='uniform',algorithm='auto')
```

其中,n_neighbors 是选择近邻的个数,默认是 5;weights 是近邻的权重,默认是'uniform',即权值相等,也可以设置为'distance',权值根据距离确定;algorithm 是使用算法,可以设置为 ball_tree、kd_tree、brute 等,默认是 atuo,即会根据数据自动选择。

sklearn 的 K 近邻算法有训练过程,训练的结果是构建 kd_tree 或者 ball_tree,使得预测时效率增加很多。使用 KNN 模型进行分类的代码如下,执行结果如图 6-29 所示。

```python
from sklearn.neighbors import KNeighborsClassifier  #使用 KNN 算法
knn = KNeighborsClassifier(n_neighbors=5)     #设置 k 为 5
knn.fit(train_x,train_y)
y_res = knn.predict(test_x)
print('实际值:\n',np.array(test_y))
print('预测值:\n',y_res)
print('准确率:',accuracy_score(test_y,y_res))
```

```
实际值：
[1 5 0 7 1 0 6 1 5 4 9 2 7 8 4 6 9 3 7 4 7 1 8 6 0 9 6 1 3 7 5 9 8 3 2 8 8
 1 1 0 7 9 0 0 8 7 2 7 4 3 4 3 4 0 4 7 0 5 5 5 2 1 7 0 5 1 8 3 3 4 0 3 7 4
 3 4 2 9 7 3 2 5 3 4 1 5 5 2 5 2 2 2 2 7 0 8 1 7 4 2 3 8 2 3 3 0 2 9 9 2 3
 2 8 1 1 9 1 2 0 4 8 5 4 4 7 6 7 6 6 1 7 5 6 3 8 3 7 1 8 5 3 4 7 8 5 0 6 0
 6 3 7 6 5 6 2 2 2 3 0 7 6 5 6 4 1 0 6 0 6 4 0 9 3 8 1 2 3 1 9 0]
预测值：
[1 5 0 7 1 0 6 1 5 4 9 2 7 8 4 6 9 3 7 4 7 1 8 6 0 9 6 1 3 7 5 9 8 3 2 8 8
 1 1 0 7 9 0 0 8 7 2 7 4 3 4 3 4 0 4 7 0 5 5 5 2 1 7 0 5 1 8 3 3 4 0 3 7 4
 3 4 2 9 7 3 2 5 3 4 1 5 5 2 5 2 2 2 2 7 0 8 1 7 4 2 3 8 2 3 3 0 2 9 9 2 3
 2 8 1 1 9 1 2 0 4 8 5 4 4 7 6 7 6 6 1 7 5 6 3 8 3 7 1 8 5 3 4 7 8 5 0 6 0
 6 3 7 6 5 6 2 2 2 3 0 7 6 5 6 4 1 0 6 0 6 4 0 9 3 8 1 2 3 1 9 0]
准确率：1.0
```

图 6-29　使用 KNN 算法分类的结果

测试集中预测成功的样本数占测试集总数的 100%，可见效果不错。

（2）决策树算法

sklearn.tree 模块中有 DecisionTreeClassifier 模型来实现决策树算法，常用语法格式如下：

> DecisionTreeClassifier(criterion = 'gini', max_features = None, max_depth, min_samples_split = 2, min_samples_leaf = 1)

其中，特征选择准则 criterion，可选值有代表信息增益的'entropy'和代表 gini 系数的'gini'；max_features 为分类时考虑的特征数，可以是考虑 max_features 个特征的 int 类型值，可以是代表百分比的 float 类型值，可以是代表平方根的 sqrt 等；max_depth 为树的最大深度；min_samples_split 为每个内部结点最少样本数；min_samples_leaf 为每个叶子结点的最小样本数。

使用决策树算法分类的代码如下，执行结果如图 6-30 所示。

```
from sklearn.tree import DecisionTreeClassifier
tree = DecisionTreeClassifier(max_depth = 50)
tree.fit(train_x, train_y)
y_res_tree = tree.predict(test_x)
print('实际值：', np.array(test_y))
print('预测值：', y_res_tree)
print('准确率：', accuracy_score(y_test, y_pred))
```

```
实际值：[1 5 0 7 1 0 6 1 5 4 9 2 7 8 4 6 9 3 7 4 7 1 8 6 0 9 6 1 3 7 5 9 8 3 2 8 8
 1 1 0 7 9 0 0 8 7 2 7 4 3 4 3 4 0 4 7 0 5 5 5 2 1 7 0 5 1 8 3 3 4 0 3 7 4
 3 4 2 9 7 3 2 5 3 4 1 5 5 2 5 2 2 2 2 7 0 8 1 7 4 2 3 8 2 3 3 0 2 9 9 2 3
 2 8 1 1 9 1 2 0 4 8 5 4 4 7 6 7 6 6 1 7 5 6 3 8 3 7 1 8 5 3 4 7 8 5 0 6 0
 6 3 7 6 5 6 2 2 2 3 0 7 6 5 6 4 1 0 6 0 6 4 0 9 3 8 1 2 3 1 9 0]
预测值：[1 5 0 7 1 0 6 1 5 4 9 2 7 8 1 7 9 3 7 4 7 8 8 6 0 9 6 1 3 7 5 9 8 3 2 8 8
 4 1 0 7 1 0 0 8 7 2 7 4 3 4 3 4 0 0 7 0 5 3 5 2 1 7 0 5 1 3 3 3 4 0 3 7 7
 3 0 2 9 7 3 2 5 3 4 1 5 5 2 6 2 2 6 7 0 8 1 7 4 2 3 8 2 3 9 0 5 9 3 2 3
 2 8 1 1 9 1 2 0 1 3 5 7 4 7 6 3 6 6 8 7 5 6 3 8 3 7 1 8 5 3 4 7 8 5 0 6 0
 6 3 7 6 5 6 2 2 2 3 0 7 6 5 6 4 4 5 6 0 6 4 0 9 5 8 4 2 3 1 9 0]
准确率：0.8555555555555555
```

图 6-30　使用决策树算法分类的结果

(3) 支持向量机算法

sklearn.svm 模块中有 SVC 模型来实现 SVM 算法，常用语法格式如下：

```
SVC(C=1.0,kernel='rbf')
```

其中，C 是错误项的惩罚因子，默认值为 1.0；kernel 是算法中采用的核函数类型，可选值有线性核函数 linear、多项式核函数 poly、高斯核函数 rbf 等，默认是 rbf。

使用支持向量机算法的代码如下，执行结果如图 6-31 所示。

```
from sklearn.svm import SVC
svc = SVC(C=0.5)
svc.fit(train_x,train_y)
y_res_svc = svc.predict(test_x)
print('实际值:',np.array(test_y))
print('预测值:',y_res_svc)
print('准确率:',accuracy_score(test_y,y_res_svc))
```

```
实际值: [1 5 0 7 1 0 6 1 5 4 9 2 7 8 4 6 9 3 7 4 7 1 8 6 0 9 6 1 3 7 5 9 8 3 2 8 8
 1 1 0 7 9 0 0 8 7 2 7 4 3 4 3 4 0 4 7 0 5 5 5 2 1 7 0 5 1 8 3 3 4 0 3 7 4
 3 4 2 9 7 3 2 5 3 4 1 5 5 2 5 2 2 2 2 7 0 8 1 7 4 2 3 8 2 3 3 0 2 9 9 2 3
 2 8 1 1 9 1 2 0 4 8 5 4 4 7 6 7 6 6 1 7 5 6 3 8 3 7 1 8 5 3 4 7 8 5 0 6 0
 6 3 7 6 5 6 2 2 2 3 0 7 6 5 6 4 1 0 6 0 6 4 0 9 3 8 1 2 3 1 9 0]
预测值: [1 5 0 7 1 0 6 1 5 4 9 2 7 8 4 6 9 3 7 4 7 1 8 6 0 9 6 1 3 7 5 9 8 3 2 8 8
 1 1 0 7 9 0 0 8 7 2 7 4 3 4 3 4 0 4 7 0 5 5 5 2 1 7 0 5 1 8 3 3 4 0 3 7 4
 3 4 2 9 7 3 2 5 3 4 1 5 5 2 5 2 2 2 2 7 0 8 1 7 4 2 3 8 2 3 3 0 2 9 9 2 3
 2 8 1 1 9 1 2 0 4 8 5 4 4 7 6 7 6 6 1 7 5 6 3 8 3 7 1 8 5 3 4 7 8 5 0 6 0
 6 3 7 6 5 6 2 2 2 3 0 7 6 5 6 4 1 0 6 0 6 4 0 9 3 8 1 2 3 1 9 0]
准确率: 1.0
```

图 6-31 使用支持向量机算法分类的结果

单元总结

本单元主要对数据分析中最常用的机器学习库——scikit-learn 进行介绍，并介绍了 3 种常用的分类算法，最后学习了分类和回归模型的评价指标，并通过案例对数据分析中数据建模的过程和方法进行学习。

本单元思维导图如图 6-32 所示。

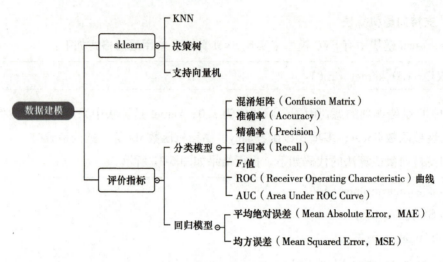

图 6-32　思维导图

评价考核

学习单元：数据建模			
课程性质：理实一体化课程		综合得分：	
知识掌握情况评分（35 分）			
序号	知识考核点	配分	得分
1	sklearn 自带数据集的导入	5	
2	数据集划分的方法	10	
3	3 种分类算法的使用知识	5	
4	混淆矩阵、准确率、精确率、召回率以及 F_1 值的计算	5	
5	ROC 曲线和 AUC 的具体含义	5	
6	平均绝对误差和均方误差的计算	5	
工作任务完成情况评分（65 分）			
序号	能力操作考核点	配分	得分
1	安装 sklearn 的能力	10	
2	导入数据集的能力	10	
3	对数据集进行划分的能力	15	
4	对数据集进行简单的数据处理	5	
5	建立合适的数学模型的能力	25	

习 题

一、填空题

1. 逻辑回归是_____算法。
2. KNN 是_____算法，K－means 是_____算法。

二、简答题

1. 样本数量不均衡该怎样选择指标？
2. ROC 和 AUC 分别是什么？有什么关系？如何进行计算？

三、实操题

对 sklearn 中的乳腺癌数据集进行分类。

提示：导入 sklearn 自带的乳腺癌数据集的命令为：

```
from sklearn import datasets
data = datasets.load_breast_cancer()
```

Unit 7

单元7
数据分析综合案例

单元概述

前面介绍了数据分析的各个步骤及使用的包,本单元进入实战阶段,通过实际案例,学习如何从拿到一份数据开始,到分析需求、数据预处理、特征工程、建模评估等一整套数据分析建模流程。

案例1:泰坦尼克号幸存者预测

案例目的

通过对泰坦尼克号数据集的分析来学习如何处理缺失数据,如何构造特征,如何对特征进行处理和单变量分析,以及分类模型的训练和测试。

案例要求

泰坦尼克号是英国1912年沉没的巨型邮轮,也是当时世界上体积最庞大、内部设施最豪华的客运轮船,有"永不沉没"的美誉。然而不幸的是,在它的首次航行从英国南安普敦出发驶向美国纽约期间,便遭厄运。1912年4月14日23时40分左右,泰坦尼克号与一座冰山相撞,最终导致2224名船员及乘客中,1517人丧生,其中仅333具罹难者遗体被寻回。这场悲剧轰动了国际社会。虽然在这场灾难中幸存下来有一些运气在里面,但一些人比其他人更有可能幸存,比如妇女、儿童和上层阶级。

下面通过对乘客数据的分析,最终使用分类模型来判断哪些乘客存活的可能性更大。

案例实施

泰坦尼克号乘客数据分为两部分:训练集(train.csv)和测试集(test.csv)。

首先对乘客数据进行一系列的分析、处理、清洗,最终使用分类模型来判断哪些乘客可以存活。

步骤一　导入需要的包

```
import pandas as pd
import numpy as np
import random
import seaborn as sns
import matplotlib.pyplot as plt
plt.rcParams["font.sans-serif"] = ["SimHei"]    # plt.rcParams 用来设置参数，显示中文
plt.rcParams['axes.unicode_minus'] = False
from sklearn.linear_model import LogisticRegression
from sklearn.metrics import confusion_matrix, accuracy_score, precision_score, recall_score, f1_score, roc_auc_score, roc_curve, auc
import warnings
warnings.filterwarnings("ignore")
```

步骤二　导入数据

```
train_df = pd.read_csv('train.csv')   #读取训练集
test_df = pd.read_csv('test.csv')  #读取测试集
combine = [train_df, test_df] #组合数据，存储 train_df 和 test_df，用于统一的数据清洗和编码
```

步骤三　查看数据集信息

(1) 查看训练集和测试集的数据

```
train_df.head()
test_df.head()
```

运行上述程序，输出结果如图 7-1 和图 7-2 所示。

	PassengerId	Survived	Pclass	Name	Sex	Age	SibSp	Parch	Ticket	Fare	Cabin	Embarked
0	1	0	3	Braund, Mr. Owen Harris	male	22.0	1	0	A/5 21171	7.2500	NaN	S
1	2	1	1	Cumings, Mrs. John Bradley (Florence Briggs Th...	female	38.0	1	0	PC 17599	71.2833	C85	C
2	3	1	3	Heikkinen, Miss. Laina	female	26.0	0	0	STON/O2. 3101282	7.9250	NaN	S
3	4	1	1	Futrelle, Mrs. Jacques Heath (Lily May Peel)	female	35.0	1	0	113803	53.1000	C123	S
4	5	0	3	Allen, Mr. William Henry	male	35.0	0	0	373450	8.0500	NaN	S

图 7-1　训练集数据前 5 行

	PassengerId	Pclass	Name	Sex	Age	SibSp	Parch	Ticket	Fare	Cabin	Embarked
0	892	3	Kelly, Mr. James	male	34.5	0	0	330911	7.8292	NaN	Q
1	893	3	Wilkes, Mrs. James (Ellen Needs)	female	47.0	1	0	363272	7.0000	NaN	S
2	894	2	Myles, Mr. Thomas Francis	male	62.0	0	0	240276	9.6875	NaN	Q
3	895	3	Wirz, Mr. Albert	male	27.0	0	0	315154	8.6625	NaN	S
4	896	3	Hirvonen, Mrs. Alexander (Helga E Lindqvist)	female	22.0	1	1	3101298	12.2875	NaN	S

图 7-2　测试集数据前 5 行

其中，Survived 为标签，表示是否存活，其余均为特征，具体含义见表 7-1。

表 7-1　列名及说明

列名	说明	列名	说明
PassengerId	乘客 ID	Parch	父母和孩子数量
Pclass	船舱等级（1 最好，2 次之，3 最差）	Ticket	票号
Name	姓名	Fare	船票价格
sex	性别	Cabin	乘客所在船舱的编号
Age	年龄	Embarked	登船港口
SibSp	兄弟姐妹或者配偶人数	Survival	是否存活（0：否；1：是）

备注：

SibSp：该名乘客上船后，与其一起同行上船的兄弟姐妹的个数。

Parch：该名乘客上船后，与其一起同行上船的家里的老人与孩子的个数。

Embarked：该名乘客登船的港口有 3 个：S（Southampton）、C（Cherbourg）、Q（Queenstown）。

(2) 查看数据类型和数量

```
train_df.info()    # 查看字段类型、数量
test_df.info()
```

运行上述程序，输出结果如图 7-3 所示。

```
<class 'pandas.core.frame.DataFrame'>          <class 'pandas.core.frame.DataFrame'>
RangeIndex: 891 entries, 0 to 890              RangeIndex: 418 entries, 0 to 417
Data columns (total 12 columns):               Data columns (total 11 columns):
 #   Column       Non-Null Count   Dtype        #   Column       Non-Null Count   Dtype
---  ------       --------------   -----       ---  ------       --------------   -----
 0   PassengerId  891 non-null     int64        0   PassengerId  418 non-null     int64
 1   Survived     891 non-null     int64        1   Pclass       418 non-null     int64
 2   Pclass       891 non-null     int64        2   Name         418 non-null     object
 3   Name         891 non-null     object       3   Sex          418 non-null     object
 4   Sex          891 non-null     object       4   Age          332 non-null     float64
 5   Age          714 non-null     float64      5   SibSp        418 non-null     int64
 6   SibSp        891 non-null     int64        6   Parch        418 non-null     int64
 7   Parch        891 non-null     int64        7   Ticket       418 non-null     object
 8   Ticket       891 non-null     object       8   Fare         417 non-null     float64
 9   Fare         891 non-null     float64      9   Cabin        91 non-null      object
 10  Cabin        204 non-null     object       10  Embarked     418 non-null     object
 11  Embarked     889 non-null     object      dtypes: float64(2), int64(4), object(5)
dtypes: float64(2), int64(5), object(5)        memory usage: 36.0+ KB
memory usage: 83.7+ KB
```

图 7-3 训练集（左）和测试集（右）的数据类型和数量

根据图 7-3 可知，整型数据有 PassengerId、Survived、Pclass、SibSp、Parch，对象类型有 Name、Sex、Ticket、Cabin、Embarked，浮点型有 Age 和 Fare。

（3）查看数据统计信息

```
train_df. describe( include = 'all')
test_df. describe( include = 'all')
```

运行上述程序，输出结果如图 7-4 和图 7-5 所示。

	PassengerId	Survived	Pclass	Name	Sex	Age	SibSp	Parch	Ticket	Fare	Cabin	Embarked
count	891.000000	891.000000	891.000000	891	891	714.000000	891.000000	891.000000	891	891.000000	204	889
unique	NaN	NaN	NaN	891	2	NaN	NaN	NaN	681	NaN	147	3
top	NaN	NaN	NaN	Hewlett, Mrs. (Mary D Kingcome)	male	NaN	NaN	NaN	CA. 2343	NaN	B96 B98	S
freq	NaN	NaN	NaN	1	577	NaN	NaN	NaN	7	NaN	4	644
mean	446.000000	0.383838	2.308642	NaN	NaN	29.699118	0.523008	0.381594	NaN	32.204208	NaN	NaN
std	257.353842	0.486592	0.836071	NaN	NaN	14.526497	1.102743	0.806057	NaN	49.693429	NaN	NaN
min	1.000000	0.000000	1.000000	NaN	NaN	0.420000	0.000000	0.000000	NaN	0.000000	NaN	NaN
25%	223.500000	0.000000	2.000000	NaN	NaN	20.125000	0.000000	0.000000	NaN	7.910400	NaN	NaN
50%	446.000000	0.000000	3.000000	NaN	NaN	28.000000	0.000000	0.000000	NaN	14.454200	NaN	NaN
75%	668.500000	1.000000	3.000000	NaN	NaN	38.000000	1.000000	0.000000	NaN	31.000000	NaN	NaN
max	891.000000	1.000000	3.000000	NaN	NaN	80.000000	8.000000	6.000000	NaN	512.329200	NaN	NaN

图 7-4 训练集统计特性

	PassengerId	Pclass	Name	Sex	Age	SibSp	Parch	Ticket	Fare	Cabin	Embarked
count	418.000000	418.000000	418	418	332.000000	418.000000	418.000000	418	417.000000	91	418
unique	NaN	NaN	418	2	NaN	NaN	NaN	363	NaN	76	3
top	NaN	NaN	Goodwin, Mr. Charles Frederick	male	NaN	NaN	NaN	PC 17608	NaN	B57 B59 B63 B66	S
freq	NaN	NaN	1	266	NaN	NaN	NaN	5	NaN	3	270
mean	1100.500000	2.265550	NaN	NaN	30.272590	0.447368	0.392344	NaN	35.627188	NaN	NaN
std	120.810458	0.841838	NaN	NaN	14.181209	0.896760	0.981429	NaN	55.907576	NaN	NaN
min	892.000000	1.000000	NaN	NaN	0.170000	0.000000	0.000000	NaN	0.000000	NaN	NaN
25%	996.250000	1.000000	NaN	NaN	21.000000	0.000000	0.000000	NaN	7.895800	NaN	NaN
50%	1100.500000	3.000000	NaN	NaN	27.000000	0.000000	0.000000	NaN	14.454200	NaN	NaN
75%	1204.750000	3.000000	NaN	NaN	39.000000	1.000000	0.000000	NaN	31.500000	NaN	NaN
max	1309.000000	3.000000	NaN	NaN	76.000000	8.000000	9.000000	NaN	512.329200	NaN	NaN

图 7-5 测试集统计特性

（4）查看数据缺失情况

```
print("训练集各特征缺失率:\n",train_df.isnull().sum()/train_df.shape[0])    #对于
.isnull 函数,如果该处为缺失值,则返回 True;如果不是缺失值,则返回 False
print("测试集各特征的缺失率:\n",test_df.isnull().sum()/test_df.shape[0])
```

运行上述程序，输出结果如图 7-6 所示。

```
训练集各特征缺失率:              测试集各特征的缺失率:
 PassengerId   0.000000       PassengerId   0.000000
 Survived      0.000000       Pclass        0.000000
 Pclass        0.000000       Name          0.000000
 Name          0.000000       Sex           0.000000
 Sex           0.000000       Age           0.205742
 Age           0.198653       SibSp         0.000000
 SibSp         0.000000       Parch         0.000000
 Parch         0.000000       Ticket        0.000000
 Ticket        0.000000       Fare          0.002392
 Fare          0.000000       Cabin         0.782297
 Cabin         0.771044       Embarked      0.000000
 Embarked      0.002245       dtype: float64
 dtype: float64
```

图 7-6　训练集（左）和测试集（右）数据的缺失情况

根据以上输出结果可知，训练集和测试集的 Cabin 数据缺失都较多。训练集 Age、Cabin、Embarked 有缺失，测试集 Age、Fare、Cabin 有缺失。

（5）查看数据分布

```
train_df["Survived"].value_counts()   #.value_counts()可以对 Series 里面的每个值
进行计数并排序
```

运行上述程序，输出结果如下：

```
0    549
1    342
```

计算存活率。

```
print("存活率:\n",train_df["Survived"].value_counts()/train_df.shape[0])
```

运行上述程序，输出结果如下：

```
存活率:
0    0.616162
1    0.383838
Name:Survived,dtype:float64
```

根据上述结果可知，只有大约 38.38% 的人幸存，大约 61.61% 的人死亡，数据分布不均匀。

步骤四　变量分析和可视化

(1) 去除其中的无用特征

PassengerId 和 Ticket 均代表一种序号信息，对生存预测作用不大，这里将这两个特征去掉。除此之外，去除训练集缺失率高达 77%、测试集缺失率高达 88% 的 Cabin 特征。

```
train_df.drop(columns = ['PassengerId','Ticket','Cabin'],inplace = True)
test_df.drop(columns = ['PassengerId','Ticket','Cabin'],inplace = True)
combine = [train_df,test_df]
train_df.info()
```

运行上述程序，输出结果如图 7-7 所示。

```
<class 'pandas.core.frame.DataFrame'>
RangeIndex: 891 entries, 0 to 890
Data columns (total 9 columns):
 #   Column    Non-Null Count  Dtype
---  ------    --------------  -----
 0   Survived  891 non-null    int64
 1   Pclass    891 non-null    int64
 2   Name      891 non-null    object
 3   Sex       891 non-null    object
 4   Age       714 non-null    float64
 5   SibSp     891 non-null    int64
 6   Parch     891 non-null    int64
 7   Fare      891 non-null    float64
 8   Embarked  889 non-null    object
dtypes: float64(2), int64(4), object(3)
memory usage: 62.8+ KB
```

图 7-7　去除无用特征后的特征

(2) 按顺序对各个特征进行分析和处理

1) 船舱等级 – Pclass。

分析 Pclass 和 Survived 的关系，示例代码如下：

```
fig = plt.figure(figsize = (8,6))
plt.suptitle("Pclass")
sns.countplot(x = "Pclass",hue = "Survived",data = train_df)
plt.show()
train_df[['Pclass','Survived']].groupby(['Pclass'],as_index = False).mean().sort_values(by = 'Survived',ascending = False)
```

运行上述程序，输出结果如图 7-8 所示。

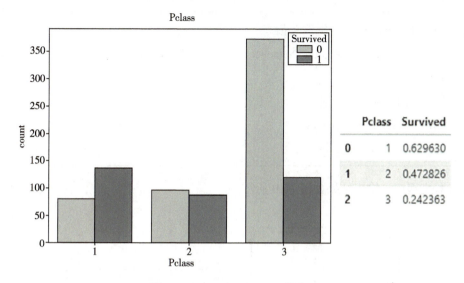

图 7-8　Pclass 和 Survived 的关系

分析结论：根据上述结果可以看出 1 等仓存活率最高，3 等仓存活率最低。

2）姓名 – Name。

首先查看 Name 的数据：

```
train_df['Name'][:20]
```

运行上述程序，输出结果如图 7-9 所示。

```
0                             Braund, Mr. Owen Harris
1     Cumings, Mrs. John Bradley (Florence Briggs Th...
2                              Heikkinen, Miss. Laina
3          Futrelle, Mrs. Jacques Heath (Lily May Peel)
4                            Allen, Mr. William Henry
5                                    Moran, Mr. James
6                             McCarthy, Mr. Timothy J
7                      Palsson, Master. Gosta Leonard
8     Johnson, Mrs. Oscar W (Elisabeth Vilhelmina Berg)
9                   Nasser, Mrs. Nicholas (Adele Achem)
10                         Sandstrom, Miss. Marguerite Rut
11                              Bonnell, Miss. Elizabeth
12                       Saundercock, Mr. William Henry
13                               Andersson, Mr. Anders Johan
14                     Vestrom, Miss. Hulda Amanda Adolfina
15                        Hewlett, Mrs. (Mary D Kingcome)
16                                   Rice, Master. Eugene
17                           Williams, Mr. Charles Eugene
18    Vander Planke, Mrs. Julius (Emelia Maria Vande...
19                              Masselmani, Mrs. Fatima
Name: Name, dtype: object
```

图 7-9　Name 数据

可以看出 Name 的共同点在于头衔，这里采用正则表达式将其提取出来作为新的特征：头衔－Title。

```
for dataset in combine：  #提取头衔
    dataset['Title'] = dataset.Name.str.extract(' ([A-Za-z]+)\. ', expand = False)
# 查看头衔的数量分布
train_df["Title"].value_counts()
test_df["Title"].value_counts()
```

运行上述程序，输出结果如图7-10所示。

```
Mr            517
Miss          182
Mrs           125
Master         40
Dr              7
Rev             6
Major           2
Mlle            2
Col             2
Countess        1
Sir             1
Jonkheer        1
Capt            1
Ms              1
Mme             1
Lady            1
Don             1
Name: Title, dtype: int64
```

```
Mr            240
Miss           78
Mrs            72
Master         21
Col             2
Rev             2
Dona            1
Ms              1
Dr              1
Name: Title, dtype: int64
```

图7-10　训练集（左）和测试集（右）头衔的数量分布

根据上述结果可知，Mr、Miss、Mrs、Master 数量较多，而其余数量均较少，这里根据词义将 Mme 合并到 Mrs，将 Mlle、Ms 合并到 Miss，剩余的都作为 Rare。

```
for dataset in combine：
    dataset['Title'] = dataset['Title'].replace([ 'Dr','Rev','Major','Col','Lady','Capt',
'Don','Jonkheer','Countess','Sir',  'Dona'],'Rare')
    dataset['Title'] = dataset['Title'].replace('Mlle','Miss')
    dataset['Title'] = dataset['Title'].replace('Ms','Miss')
    dataset['Title'] = dataset['Title'].replace('Mme','Mrs')
# 统计各个 Titled 的存活率：
train_df[['Title','Survived']].groupby(['Title'],as_index = False).mean()
```

运行上述程序,输出结果如图 7-11 所示。

	Title	Survived
0	Master	0.575000
1	Miss	0.702703
2	Mr	0.156673
3	Mrs	0.793651
4	Rare	0.347826

图 7-11 Title 与 Survived 的对应关系

根据上述结果可以看出 Master、Miss、Mrs 存活率较高,均为女性,Mr 存活率最低。将 Title 转换为数值特征,并删除 Name 特征。

```
title_mapping = {"Mr":1,"Miss":2,"Mrs":3,"Master":4,"Rare":5}
for dataset in combine:
    dataset['Title'] = dataset['Title'].map(title_mapping)
train_df.drop(columns = ['Name'],inplace = True)
test_df.drop(columns = ['Name'],inplace = True)
combine = [train_df,test_df]
```

3)性别 – Sex。

Sex 一共分为两类:男性和女性,分析其与 Survived 的关系。

```
fig = plt.figure(figsize = (8,5))
plt.suptitle("Sex")
sns.countplot(x = "Sex",hue = "Survived",data = train_df)
plt.show()
train_df[["Sex","Survived"]].groupby(['Sex'],as_index = False).mean().sort_values(by = 'Survived',ascending = False)
```

运行上述程序,输出结果如图 7-12 所示。

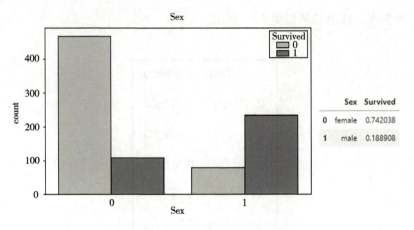

图 7-12　Sex 与 Survived 的对应关系

分析结论：

根据上述结果可以看出，女性存活率约为 74%，而男性约为 19%，将其转化为数值特征。

```
for dataset in combine：
    dataset['Sex'] = dataset['Sex'].map( {'female':1,'male':0} ).astype(int)
```

4）年龄 – Age。

根据是否存活，查看年龄分布直方图。

```
g = sns.FacetGrid( train_df,col = 'Survived')
g.map( plt.hist,'Age',bins = 20)
```

运行上述程序，输出结果如图 7-13 所示。

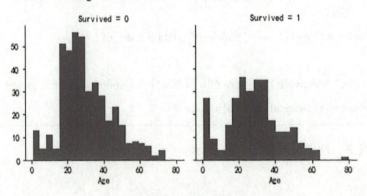

图 7-13　年龄分布直方图

通常船舱等级较好的乘客年龄往往较大，为了验证猜想，查看 Pclass、Age 和 Survived 之间的关系。

```
grid = sns.FacetGrid(train_df, col = 'Survived', row = 'Pclass', size = 2.2, aspect = 1.6)
#查看不同船舱等级、是否存活,查看年龄分布直方图
grid.map(plt.hist,'Age', alpha = .5, bins = 20)
grid.add_legend()
```

运行上述程序，输出结果如图 7-14 所示。

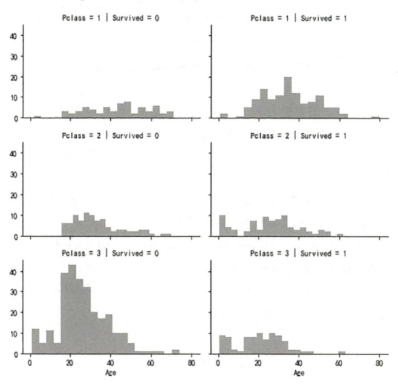

图 7-14　Pclass、Age 和 Survived 的关系图 1

分析结论：

通过对上述输出结果的分析可知，Pclass = 3 的乘客最多，但是大多数人无法幸存。Pclass = 1、2 的乘客存活率较高。通常成功人士年龄较大，因此年龄应该与 Pclass 相关。

```
sns.boxplot(data = train_df, x = "Pclass", y = "Age")
```

运行上述程序，输出结果如图 7-15 所示。

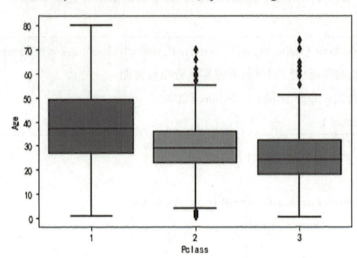

图 7-15 Pclass、Age 和 Survived 的关系图 2

Age 有部分缺失值，需要进行处理。这里直接采用中位数对其进行填充，然后将年龄分为 5 个年龄段，并统计各个年龄段的存活率。

```
for data in combine：
    data["Age"].fillna(data["Age"].median(),inplace=True) #用中位数进行填充
    data["AgeBand"]=pd.cut(data["Age"],5)
train_df[['AgeBand','Survived']].groupby(['AgeBand'],as_index=False).mean().sort_values(by='AgeBand',ascending=True)
```

运行上述程序，输出结果如图 7-16 所示。

	AgeBand	Survived
0	(0.34, 16.336]	0.550000
1	(16.336, 32.252]	0.344168
2	(32.252, 48.168]	0.404255
3	(48.168, 64.084]	0.434783
4	(64.084, 80.0]	0.090909

图 7-16 Age 与 Survived 的对应关系

将年龄段转化为数值特征，并去除原特征。

```
for dataset in combine:
    dataset.loc[ dataset['Age'] <= 16,'Age'] = 0
    dataset.loc[(dataset['Age'] > 16) & (dataset['Age'] <= 32),'Age'] = 1
    dataset.loc[(dataset['Age'] > 32) & (dataset['Age'] <= 48),'Age'] = 2
    dataset.loc[(dataset['Age'] > 48) & (dataset['Age'] <= 64),'Age'] = 3
    dataset.loc[(dataset['Age'] > 64) & (dataset['Age'] <= 80),'Age'] = 4
    dataset['Age'] = dataset['Age'].astype(int)
train_df.drop(columns = ['AgeBand'],inplace = True)
test_df.drop(columns = ['AgeBand'],inplace = True)
combine = [train_df,test_df]
```

5) SibSp 和 Parch。

分别查看 SibSp 和 Parch 与 Survived 的关系。

```
train_df[["Parch","Survived"]].groupby(["Parch"]).mean()
train_df[["SibSp","Survived"]].groupby(["SibSp"]).mean()
```

运行上述程序，输出结果如图 7-17 所示。

Parch	Survived
0	0.343658
1	0.550847
2	0.500000
3	0.600000
4	0.000000
5	0.200000
6	0.000000

SibSp	Survived
0	0.345395
1	0.535885
2	0.464286
3	0.250000
4	0.166667
5	0.000000
8	0.000000

a)　　　　　b)

图 7-17　与 Survived 的对应关系

a) Parch　b) SibSp

Parch = 0 的人数最多（单人旅行），但获救率低；对 SibSp 也类似，这两个特征可以合并处理。这里构建一个新特征：家庭成员人数 FamilySize = Parch + SibSp，统计 FamilySize 各个取值的数量，及 FamilySize 与 Survived 的关系。

```
for dataset in combine：
    dataset['FamilySize'] = dataset['SibSp'] + dataset['Parch'] +1
train_df['FamilySize'].value_counts()
train_df[['FamilySize','Survived']].groupby(['FamilySize'],as_index=False).mean().sort_values(by='Survived',ascending=False)
```

运行上述程序，输出结果如图 7-18 所示。

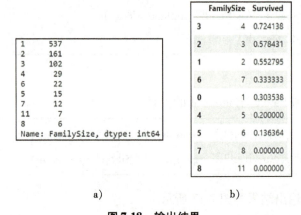

a) b)

图 7-18　输出结果

a）FamilySize 数据分布　b）FamliySize 与 Survived 的对应关系

根据上述结果可知，当 FamilySize 的值为 2、3、4 时，存活率较高。这里将 FamilySize 归纳为 IsAlone 特征，当 FamilySize = 1 时，IsAlone = 1，否则为 0。查看 IsAlone 与 Survived 的关系。

```
for dataset in combine：
    dataset['IsAlone'] = 0
    dataset.loc[dataset['FamilySize'] == 1,'IsAlone'] = 1
train_df[['IsAlone','Survived']].groupby(['IsAlone'],as_index=False).mean()
```

运行上述程序，输出结果如图 7-19 所示。

IsAlone	Survived
0	0	0.505650
1	1	0.303538

图 7-19　IsAlone 与 Survived 的对应关系

分析结论：

根据上述结果可知，IsAlone 为 1 时，存活率较低；为 0 时，存活率较高。去掉原特征。

```
train_df.drop(columns = ['Parch','SibSp','FamilySize'], inplace = True)
test_df.drop(columns = ['Parch','SibSp','FamilySize'], inplace = True)
combine = [train_df, test_df]
```

6）船票价格 – Fare。

查看 Fare 与 Survived 的关系：

```
figure = plt.figure(figsize = (20,8))
plt.title("不同 Fare 下的存活率")
plt.subplot(211)
sns.kdeplot(train_df.loc[train_df["Survived"] == 0,"Fare"], shade = True, label = "not survived")
sns.kdeplot(train_df.loc[train_df["Survived"] == 1,"Fare"], shade = True, label = "survived")
plt.subplot(212)
sns.distplot(train_df.loc[train_df["Survived"] == 0,"Fare"], bins = 20, label = "not survived", kde = False)
sns.distplot(train_df.loc[train_df["Survived"] == 1,"Fare"], bins = 20, label = "survived", kde = False)
plt.legend()
plt.show()
```

运行上述程序，输出结果如图 7-20 所示。

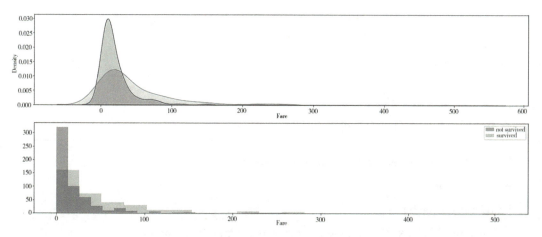

图 7-20　Fare 与 Survived 的对应关系（见彩图）

根据上述结果可知，票价越高，存活率越高，低票价的存活率低。测试集的 Fare 有部分缺失值，这里采用中位数来对数据进行填充。然后将其划分为 4 个范围，查看票价范围和 Survived 的关系。

```
# 填充缺失值
test_df['Fare'].fillna(test_df['Fare'].dropna().median(), inplace = True)
train_df['FareBand'] = pd.qcut(train_df['Fare'], 4)
train_df[['FareBand','Survived']].groupby(['FareBand'], as_index = False).mean()
    .sort_values(by = 'FareBand', ascending = True)
```

运行上述程序，输出结果如图 7-21 所示。

	FareBand	Survived
0	(-0.001, 7.91]	0.197309
1	(7.91, 14.454]	0.303571
2	(14.454, 31.0]	0.454955
3	(31.0, 512.329]	0.581081

图 7-21　FareBand 与 Survived 的对应关系

将 FareBand 转化为数值特征，并去除原特征。

```
for dataset in combine:
    dataset.loc[ dataset['Fare'] <= 7.91, 'Fare'] = 0
    dataset.loc[(dataset['Fare'] > 7.91) & (dataset['Fare'] <= 14.454), 'Fare'] = 1
    dataset.loc[(dataset['Fare'] > 14.454) & (dataset['Fare'] <= 31), 'Fare'] = 2
    dataset.loc[ dataset['Fare'] > 31, 'Fare'] = 3
    dataset['Fare'] = dataset['Fare'].astype(int)
train_df.drop(columns = ['FareBand'], inplace = True)
combine = [train_df, test_df]
```

7) 登船港口 – Embarked。

查看登船最多的港口，用来补充缺失值。

```
freq_port = train_df.Embarked.dropna().mode()[0]
print(freq_port)
for dataset in combine:
    dataset['Embarked'] = dataset['Embarked'].fillna(freq_port)
```

运行上述程序，输出结果为'S'。

查看 Embarked 与 Survived 的关系：

```
fig = plt.figure(figsize = (8,5))
plt.suptitle("Embarked")
sns.countplot(x = "Embarked", hue = "Survived", data = train_df)
plt.show()
train_df[['Embarked','Survived']].groupby(['Embarked'], as_index = False).mean().
sort_values(by = 'Survived', ascending = False)
```

运行上述程序，输出结果如图 7-22 所示。

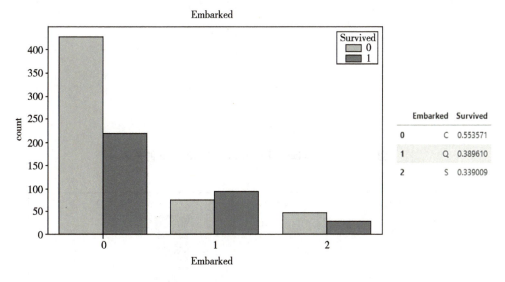

图 7-22　Embarked 与 Survived 的对应关系

根据上述结果可知，S 港口的登船人数最多，但存活率最低。因此猜测登船港口与社会地位等相关，这里分析 Pclass、Sex、Embarked 与 Survived 的关系，构建结构化多绘图网络。

```
grid = sns.FacetGrid(data = train_df, row = "Sex", col = "Pclass", hue = "Survived")
grid.map(sns.countplot, "Embarked")
grid.add_legend()
train_df[["Sex","Pclass","Embarked","Survived"]].groupby(["Sex","Pclass",
"Embarked"]).mean()
```

运行上述程序，输出结果如图 7-23 和图 7-24 所示。

Sex	Pclass	Embarked	Survived
0	1	0	0.354430
		1	0.404762
		2	0.000000
	2	0	0.154639
		1	0.200000
		2	0.000000
	3	0	0.128302
		1	0.232558
		2	0.076923
1	1	0	0.960000
		1	0.976744
		2	1.000000
	2	0	0.910448
		1	1.000000
		2	1.000000
	3	0	0.375000
		1	0.652174
		2	0.727273

图 7-23 Sex、Pclass、Embarked 与 Survived 的关系

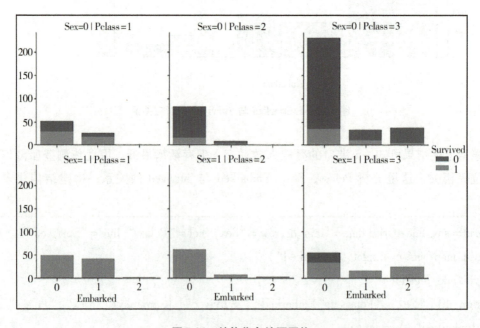

图 7-24 结构化多绘图网络

根据上述结果可知，Pclass=1、2 的人几乎都是从 C 和 S 港口登船；从 C 和 Q 港口登船的女性几乎全部幸存，只有 Pclass=3 且从 S 港口登船的部分女性死亡；男性 C 港口的存活率最高，Q 死亡率最高，S 港口的人最多。

将 Embarked 转化为数值特征：

```
for dataset in combine：
    dataset['Embarked'] = dataset['Embarked'].map({'S':0,'C':1,'Q':2}).astype(int)
```

（3）查看处理之后的数据

1）查看处理后的数据类型。

```
print(train_df.info())    # 查看数据类型
print(test_df.info())
```

运行上述程序，输出结果如图 7-25 所示。

```
<class 'pandas.core.frame.DataFrame'>
RangeIndex: 891 entries, 0 to 890
Data columns (total 8 columns):
 #   Column    Non-Null Count  Dtype
---  ------    --------------  -----
 0   Survived  891 non-null    int64
 1   Pclass    891 non-null    int64
 2   Sex       891 non-null    int32
 3   Age       891 non-null    int32
 4   Fare      891 non-null    int32
 5   Embarked  891 non-null    int32
 6   Title     891 non-null    int64
 7   IsAlone   891 non-null    int64
dtypes: int32(4), int64(4)
memory usage: 41.9 KB
None
<class 'pandas.core.frame.DataFrame'>
RangeIndex: 418 entries, 0 to 417
Data columns (total 7 columns):
 #   Column    Non-Null Count  Dtype
---  ------    --------------  -----
 0   Pclass    418 non-null    int64
 1   Sex       418 non-null    int32
 2   Age       418 non-null    int32
 3   Fare      418 non-null    int32
 4   Embarked  418 non-null    int32
 5   Title     418 non-null    int64
 6   IsAlone   418 non-null    int64
dtypes: int32(4), int64(3)
memory usage: 16.5 KB
None
```

图 7-25 最终训练使用的数据

2）查看变量相关性。

```
X_train = train_df. drop( columns = [ " Survived" ] ,axis = 1 )
Y_train = train_df[ " Survived" ]
X_test =  test_df
Y_test = pd. read_csv( " ./submission. csv" ) [ 'Survived']
print( X_train. shape , Y_train. shape , X_test. shape , Y_test. shape )
print( X_train. columns )
```

运行上述程序，输出结果如下：

```
(891,7) (891,) (418,7) (418,)
Index( [ 'Pclass','Sex','Age','Fare','Embarked','Title','IsAlone' ] ,dtype = 'object')
```

绘制热力图。

```
# data. corr( )给出了任意两个变量之间的相关系数
# heatmap 热地图
sns. heatmap( X_train. corr( ) ,annot = True )
```

运行上述程序，输出结果如图 7-26 所示。

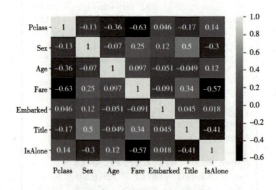

图 7-26　热力图（见彩图）

步骤五　训练和测试

这里选用了逻辑回归（logistic 回归），它是一种广义线性回归模型（Generalized Linear Model），因此与多重线性回归分析有很多相同之处。它们的模型形式基本上相同，都具有 $w'x + b$，其中 w 和 b 是待求参数，区别在于其因变量不同，多重线性回归直接将 $w'x + b$ 作为因变量，即 $y = w'x + b$，而 logistic 回归则通过函数 L 将 $w'x + b$ 对应一个隐状态 p，$p = L(w'x + b)$，然后根据 p 与 $1 - p$ 的大小决定因变量的值。如果 L 是 logistic 函数，则是 logistic 回归，如果 L 是多项式函数，则是多项式回归。

(1) 训练

```
X_train = train_df.drop(columns=["Survived"], axis=1)
Y_train = train_df["Survived"]
X_test = test_df
Y_test = pd.read_csv("./submission.csv")['Survived']
print(X_train.shape, Y_train.shape, X_test.shape, Y_test.shape)
logreg = LogisticRegression()
logreg.fit(X_train, Y_train)
LogisticRegression(C=1.0, class_weight=None, dual=False, fit_intercept=True,
          intercept_scaling=1, max_iter=100, multi_class='ovr', n_jobs=1,
          penalty='l2', random_state=None, solver='liblinear', tol=0.0001,
          verbose=0, warm_start=False)
```

运行上述程序，输出结果如下：

```
(891,10) (891,) (418,10) (418,)
LogisticRegression(multi_class='ovr', n_jobs=1, solver='liblinear')
```

(2) 测试

```
y_test_pred = logreg.predict(X_test)
print('混淆矩阵:', confusion_matrix(Y_test, y_test_pred))
print('准确率:', accuracy_score(Y_test, y_test_pred))
print('精确率:', precision_score(Y_test, y_test_pred))
print('召回率:', recall_score(Y_test, y_test_pred))
print('F1_score:', f1_score(Y_test, y_test_pred))
print('roc_auc 为:', roc_auc_score(Y_test, y_test_pred))
```

运行上述程序，输出结果如下：

```
混淆矩阵：[[244  13]
 [ 13 148]]
准确率: 0.937799043062201
精确率: 0.9192546583850931
召回率: 0.9192546583850931
F1_score: 0.9192546583850931
roc_auc 为: 0.9343355003987722
```

案例小结

通过本案例学会如何分析存活率和各个属性特征的关系，学会非数值特征转化为数值特征的方法，并学会逻辑回归算法在本案例中的具体使用方法。

案例 2：房价预测

案例目的

通过本案例掌握线性回归、数据处理、正态分布、数据平滑处理等基本的数据处理方式以及简单的数据建模。掌握 Python 基本的数据处理库 NumPy、pandas、seaborn、Matplotlib、sklearn 等库的使用。

案例要求

Ames Housing dataset 是美国爱荷华州艾姆斯镇 2006—2010 年的房价数据集，要求对数据集中的 1460 条房价数据进行预处理，然后选取合适的参数建模，最终对未知房价的数据进行预测。

案例实施

步骤一　导入需要的包

```
import numpy as np
import pandas as pd
import seaborn as sns
from scipy import stats
import matplotlib.style as style
import matplotlib.pyplot as plt
import matplotlib.gridspec as gridspec
% matplotlib inline
from sklearn import preprocessing
from sklearn.linear_model import Ridge
from sklearn.model_selection import cross_val_score
```

```
from sklearn.model_selection import train_test_split
from sklearn.metrics import r2_score
import warnings
warnings.filterwarnings("ignore")
```

步骤二　读入数据和查看数据集信息

```
data = pd.read_csv('house_price/data.csv',index_col=0)
data.shape
```

运行上述程序，输出结果为(1460,80)，也就是说有 1460 行数据，除了最后一列为目标值，其余 79 列均为特征。

查看数据集信息：

```
data.head()
```

运行上述程序，输出结果如图 7-27 所示。

	MSSubClass	MSZoning	LotFrontage	LotArea	Street	Alley	LotShape	LandContour	Utilities	LotConfig	...	PoolArea	PoolQC	Fence	MiscFeature	MiscVal	MoSold	YrSold	SaleType	SaleCondition	SalePrice
Id																					
1	60	RL	65.0	8450	Pave	NaN	Reg	Lvl	AllPub	Inside	...	0	NaN	NaN	NaN	0	2	2008	WD	Normal	208500
2	20	RL	80.0	9600	Pave	NaN	Reg	Lvl	AllPub	FR2	...	0	NaN	NaN	NaN	0	5	2007	WD	Normal	181500
3	60	RL	68.0	11250	Pave	NaN	IR1	Lvl	AllPub	Inside	...	0	NaN	NaN	NaN	0	9	2008	WD	Normal	223500
4	70	RL	60.0	9550	Pave	NaN	IR1	Lvl	AllPub	Corner	...	0	NaN	NaN	NaN	0	2	2006	WD	Abnorml	140000
5	60	RL	84.0	14260	Pave	NaN	IR1	Lvl	AllPub	FR2	...	0	NaN	NaN	NaN	0	12	2008	WD	Normal	250000

5 rows × 80 columns

图 7-27　数据集的前 5 行

输出特征名称：

```
print(data.columns)
```

运行上述程序，输出结果如图 7-28 所示。

```
Index(['MSSubClass', 'MSZoning', 'LotFrontage', 'LotArea', 'Street', 'Alley',
       'LotShape', 'LandContour', 'Utilities', 'LotConfig', 'LandSlope',
       'Neighborhood', 'Condition1', 'Condition2', 'BldgType', 'HouseStyle',
       'OverallQual', 'OverallCond', 'YearBuilt', 'YearRemodAdd', 'RoofStyle',
       'RoofMatl', 'Exterior1st', 'Exterior2nd', 'MasVnrType', 'MasVnrArea',
       'ExterQual', 'ExterCond', 'Foundation', 'BsmtQual', 'BsmtCond',
       'BsmtExposure', 'BsmtFinType1', 'BsmtFinSF1', 'BsmtFinType2',
       'BsmtFinSF2', 'BsmtUnfSF', 'TotalBsmtSF', 'Heating', 'HeatingQC',
       'CentralAir', 'Electrical', '1stFlrSF', '2ndFlrSF', 'LowQualFinSF',
       'GrLivArea', 'BsmtFullBath', 'BsmtHalfBath', 'FullBath', 'HalfBath',
       'BedroomAbvGr', 'KitchenAbvGr', 'KitchenQual', 'TotRmsAbvGrd',
       'Functional', 'Fireplaces', 'FireplaceQu', 'GarageType', 'GarageYrBlt',
       'GarageFinish', 'GarageCars', 'GarageArea', 'GarageQual', 'GarageCond',
       'PavedDrive', 'WoodDeckSF', 'OpenPorchSF', 'EnclosedPorch', '3SsnPorch',
       'ScreenPorch', 'PoolArea', 'PoolQC', 'Fence', 'MiscFeature', 'MiscVal',
       'MoSold', 'YrSold', 'SaleType', 'SaleCondition', 'SalePrice'],
      dtype='object')
```

图 7-28　特征名称

查看不同类别的特征数量。

```
print('int 型特征数量:',data.columns[data.dtypes == 'int64'].shape)
print('float 类型特征数量:',data.columns[data.dtypes == 'float'].shape)
print('object 类型特征数量:',data.columns[data.dtypes == 'object'].shape)
```

运行上述程序，输出结果如下：

```
int 型特征数量：(34,)
float 类型特征数量：(3,)
object 类型特征数量：(43,)
```

查看缺失值。

```
miss = data.isnull().sum()
miss = miss[miss > 0]      # 打印其中有缺失的数据
print(miss)
```

运行上述程序，输出结果如图 7-29 所示。

```
LotFrontage      259
Alley           1369
MasVnrType         8
MasVnrArea         8
BsmtQual          37
BsmtCond          37
BsmtExposure      38
BsmtFinType1      37
BsmtFinType2      38
Electrical         1
FireplaceQu      690
GarageType        81
GarageYrBlt       81
GarageFinish      81
GarageQual        81
GarageCond        81
PoolQC          1453
Fence           1179
MiscFeature     1406
dtype: int64
```

图 7-29　数据缺失情况

这些缺失数据最后统一进行处理。

步骤三　变量分析

由于房价预测使用的是回归算法，因此需要满足多元线性回归模型的基本假设，具体包括：

1）因变量与自变量之间存在线性相关关系。

2）随机误差项具有零均值和同方差。

3）随机误差项在不同样本点之间是相互独立的。

4）随机误差项应服从正态分布。

5）自变量之间不存在严格线性相关性，如果存在相关性称为多重共线性。

其中，判断自变量之间有没有线性相关可以查看它们的热力图。多重共线性问题的主要解决方法包括：

1）保留重要的自变量，去掉次要或者可替代的解释变量。

2）改变解释变量的形式。

3）逐步回归分析。

4）主成分分析。

5）岭回归。

6）增加样本容量。

7）偏最小二乘回归。

这里采用了去掉次要变量和岭回归来解决多重共线性问题。

下面在对特征进行分析的同时，对特征进行了一定的变换和处理。

（1）SalePrice

```
data['SalePrice'].describe()
```

运行上述程序，输出结果如下：

```
count      1460.000000
mean     180921.195890
std       79442.502883
min       34900.000000
25%      129975.000000
50%      163000.000000
75%      214000.000000
max      755000.000000
Name: SalePrice, dtype: float64
```

常用于判断是否服从正态分布的方法有直方图和 QQ 图。QQ 图是一种散点图，对应于正态分布的 QQ 图，就是由标准正态分布的分位数作为横坐标，样本值作为纵坐标的散点图（如果将 $(x-m)/std$ 作为纵坐标，那么正态分布得到的散点图是直线：$y=x$）。要利用 QQ 图鉴别样本数据是否近似于正态分布，只需看 QQ 图上的点是否近似地在一条直线附近，图形如果是直线则说明是正态分布，而且该直线的斜率为标准差，截距为均值，用 QQ 图还可获得样本偏度和峰度的粗略信息。

通过直方图和 QQ 图来查看是否服从正态分布。

```
sns.distplot(data['SalePrice'])    # 直方图横轴表示数值范围,纵轴表示实例数量
res = stats.probplot(data['SalePrice'], plot = plt)   # 通过 QQ 图可以看出不是正态分布
plt.show()
```

运行上述程序,输出结果如图 7-30 所示。

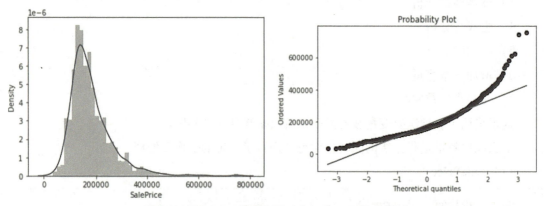

图 7-30　SalePrice 的直方图（左）和 QQ 图（右）

根据上述结果可知,数据呈正态分布,但是右偏,说明均值和中位数将大于与此数据集相似的众数,也就是说很多房子以低于平均价格出售。下面输出峰度（skewness）和偏度（kurtosis）:

```
# 不是正态分布,输出 skewness 和 kurtosis
print("Skewness:%f" % data['SalePrice'].skew())
print("Kurtosis:%f" % data['SalePrice'].kurt())
```

运行上述程序,输出结果如下:

```
Skewness:1.882876
Kurtosis:6.536282
```

这里使用 log1p（即 log(X+1)）函数对 SalePrice 进行平滑处理,查看其分布变化。

```
prices = pd.DataFrame({"price":data["SalePrice"],"log(price+1)":np.log1p(data["SalePrice"])})
prices.hist()
```

运行上述程序，输出结果如图7-31所示。

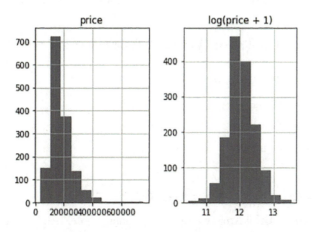

图7-31　price（左）和log（price+1）（右）

查看SalePrice变换对数据的影响，这里以GrLivArea为例。首先输出自变量GrLivArea和目标变量SalePrice的残差图。

```
plt.subplots(figsize=(12,8))
sns.residplot(data.GrLivArea,data.SalePrice)
```

运行上述程序，输出结果如图7-32所示。

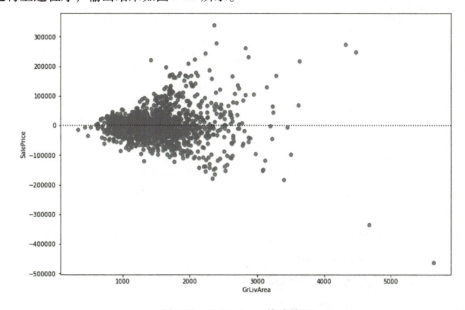

图7-32　GrLivArea的残差图

理想情况下，如果满足随机误差项具有同方差假设，则残差将随机散布在零的中心线周围，并且没有明显的模式。尽管 GrLivArea 和 SalePrice 之间似乎存在线性关系，但残差图看起来更像漏斗。残差图显示，随着 GrLivArea 值的增加，方差也增加，这就是称为异方差的特征。

这里对比 GrLivArea 和 SalePrice 的残差图，以及 GrLivArea 和平滑后的 SalePrice 残差图。

```
fig(ax1,ax2) = plt.subplots(figsize = (15,6),
                ncols = 2,
                sharey = False,
                sharex = False
                )
sns.residplot(x = data.GrLivArea,y = data["SalePrice"],ax = ax1)
sns.residplot(x = data.GrLivArea,y = np.log1p(data["SalePrice"]),ax = ax2)
```

运行上述程序，输出结果如图 7-33 所示。

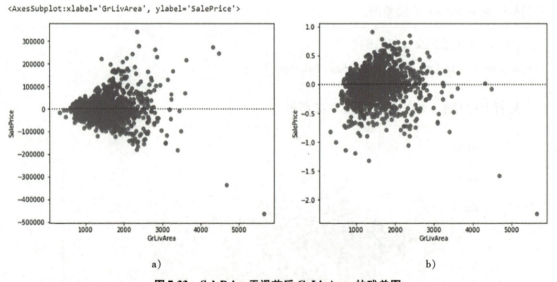

a)   b)

图 7-33　SalePrice 平滑前后 GrLivArea 的残差图

a）GrLivArea 和 SalePrice 的残差图　b）GrLivArea 和平滑后的 SalePrice 残差图

根据结果可知，左侧明显有异方差性，而平滑后的右图具有同方差性。因此，在训练之前，需要对 SalePrice 进行平滑处理。

（2）自变量中间不存在严格线性相关

分析线性相关，可以采用热力图。

```
plt.subplots(figsize=(30,20))
mask = np.zeros_like(data.corr(),dtype=np.bool)
mask[np.triu_indices_from(mask)] = True
sns.heatmap(data.corr(),
        cmap = sns.diverging_palette(20,220,n=200),
        mask = mask,
        annot = True,
        center = 0,
        );
plt.title("Heatmap of all the Features",fontsize=30);
```

运行上述程序，输出结果如图 7-34 所示。

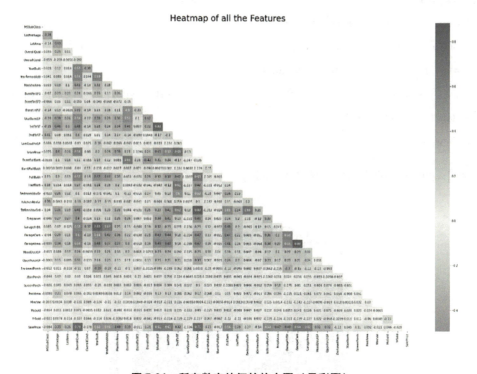

图 7-34　所有数字特征的热力图（见彩图）

输出与目标值相关系数最大的 10 个特征。

```
(data.corr()**2)['SalePrice'].sort_values(ascending=False)[1:].head(10)
```

运行上述程序，输出结果如图 7-35 所示。

```
OverallQual    0.625652
GrLivArea      0.502149
GarageCars     0.410124
GarageArea     0.388667
TotalBsmtSF    0.376481
1stFlrSF       0.367057
FullBath       0.314344
TotRmsAbvGrd   0.284860
YearBuilt      0.273422
YearRemodAdd   0.257151
Name: SalePrice, dtype: float64
```

图 7-35　与目标值相关系数最大的 10 个特征

画出相关系数最大的特征与 SalePrice 的热力图。

```
plt.subplots(figsize = (10,10))
corrmat = data.corr()
k = 10 #关系矩阵中将显示10个特征
cols = corrmat.nlargest(k,'SalePrice')['SalePrice'].index
cm = np.corrcoef(data[cols].values.T)
sns.set(font_scale = 1.25)
hm = sns.heatmap(cm,cbar = True,annot = True,\
        square = True,fmt = '.2f',annot_kws = {'size':10},yticklabels = cols.values,
xticklabels = cols.values)
plt.show()
```

运行上述程序，输出结果如图 7-36 所示。

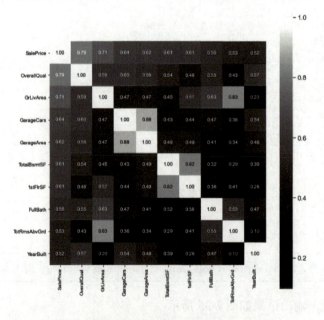

图 7-36　相关性最高的特征的热力图（见彩图）

GarageCars 与 GarageArea 相关性系数高达 0.88，为避免多重共线性，这里留下与 SalePrice 相关系数更大的 GarageCars；TotalBsmtSF 与 1stFlrSF 相关性系数高达 0.82，留下 TotalBsmtSF。去掉 GarageArea、1stFlrSF 的代码如下：

```
data.drop(columns=['GarageArea','1stFlrSF'],inplace=True)
```

绘制散点图矩阵：

```
# 注意：多变量绘图数据中不能有空值，否则会出错，这里需要确认这些数据里面没有空值
sns.set()
cols=['SalePrice','OverallQual','GrLivArea','GarageCars','TotalBsmtSF','FullBath','TotRmsAbvGrd','YearBuilt']
sns.pairplot(data[cols],size=2.5)
plt.show()
```

运行上述程序，输出结果如图 7-37 所示。

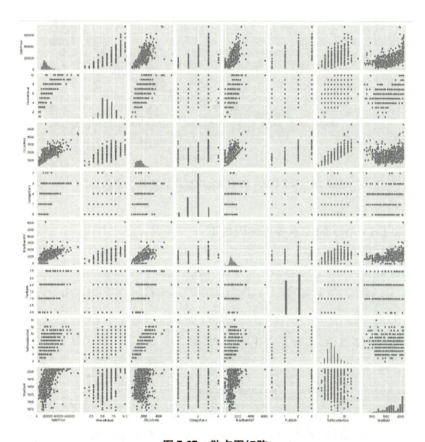

图 7-37　散点图矩阵

这里对相关系数较大的几个特征进行分析。SalePrice 和 OverallQual 的关系分析代码如下：

```
print(data['OverallQual'].unique())
data1 = pd.concat([data['SalePrice'],data['OverallQual']],axis=1)
f,ax = plt.subplots(figsize=(8,6))
fig = sns.boxplot(x='OverallQual',y="SalePrice",data=data1)
fig.axis(ymin=0,ymax=800000)
```

运行上述程序，输出结果如图 7-38 所示。

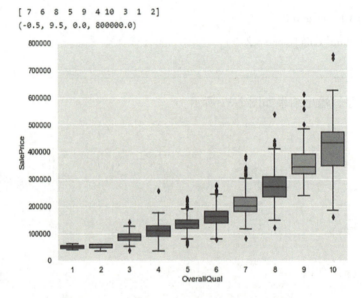

图 7-38　SalePrice 和 OverallQual 的关系（见彩图）

SalePrice 和 GrLivArea 的关系分析代码如下：

```
data1 = pd.concat([data['SalePrice'],data['GrLivArea']],axis=1)
data1.plot.scatter(x='GrLivArea',y='SalePrice',c='blue',ylim=(0,800000))

# 直方图和正态概率图,查看是否正态分布
fig = plt.figure()
sns.distplot(data['GrLivArea'],fit=stats.norm)
fig = plt.figure()
res = stats.probplot(data['GrLivArea'],plot=plt)    # 图像非正态分布
```

运行上述程序，输出结果如图 7-39 所示。

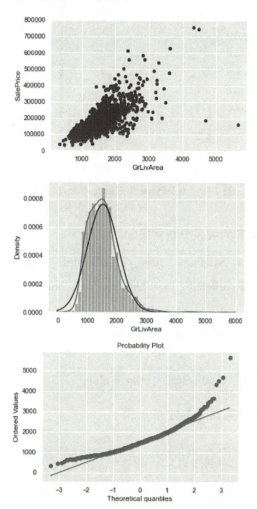

图 7-39　SalePrice 和 GrLivArea 散点图（上）、直方图（中）和 QQ 图（下）

可以看出，有两个异常点，去除异常点。

```
data = data[data. GrLivArea < 4500]
data. reset_index(drop = True, inplace = True)
```

SalePrice 和 GarageCars 的关系分析代码如下：

```
data1 = pd. concat([data['SalePrice'], data['GarageCars']], axis = 1)
data1. plot. scatter(x = 'GarageCars', y = 'SalePrice', c = 'blue', ylim = (0, 800000))
```

运行上述程序，输出结果如图 7-40 所示。

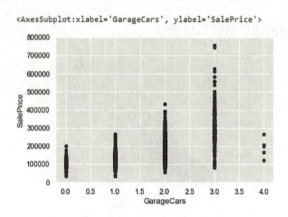

图 7-40　SalePrice 和 GarageCars 的关系

SalePrice 和 TotalBsmtSF 的关系分析代码如下：

```
data1 = pd. concat([data['SalePrice'],data['TotalBsmtSF']],axis = 1)
data1. plot. scatter(x = 'TotalBsmtSF',y = 'SalePrice',c = 'blue',ylim = (0,800000))
fig = plt. figure()
sns. distplot(data['TotalBsmtSF'],fit = stats. norm)
fig = plt. figure()
res = stats. probplot(data['TotalBsmtSF'],plot = plt)
```

运行上述程序，输出结果如图 7-41 所示。

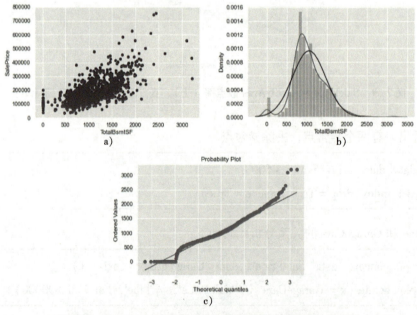

图 7-41　SalePrice 和 TotalBsmtSF 散点图、直方图、QQ 图
a) 散点图　b) 直方图　c) QQ 图

SalePrice 和 FullBath 的关系分析代码如下：

```
data['FullBath'].unique()
data1 = pd.concat([data['SalePrice'],data['FullBath']],axis = 1)
data1.plot.scatter(x = 'FullBath',y = 'SalePrice',c = 'blue',ylim = (0,800000))
```

运行上述程序，输出结果如图 7-42 所示。

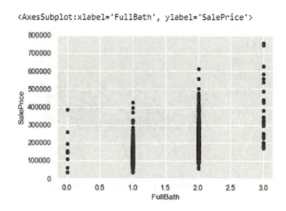

图 7-42　SalePrice 和 FullBath 的关系

SalePrice 和 TotRmsAbvGrd 的关系分析代码如下：

```
data1 = pd.concat([data['SalePrice'],data['TotRmsAbvGrd']],axis = 1)
data1.plot.scatter(x = 'TotRmsAbvGrd',y = 'SalePrice',c = 'blue',ylim = (0,800000))
```

运行上述程序，输出结果如图 7-43 所示。

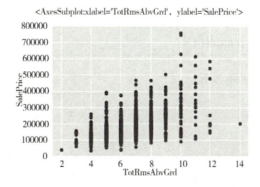

图 7-43　SalePrice 和 TotRmsAbvGrd 的关系

SalePrice 和 YearBuilt 的关系分析代码如下：

```
data1 = pd.concat([data['SalePrice'],data['YearBuilt']],axis = 1)
data1.plot.scatter(x = 'YearBuilt',y = 'SalePrice',c = 'blue',ylim = (0,800000))
```

运行上述程序，输出结果如图 7-44 所示。

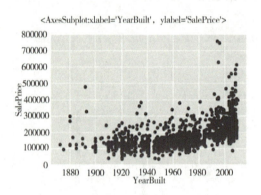

图 7-44　SalePrice 和 YearBuilt 的关系

步骤四　空值处理

根据特征含义对空值进行填充，首先根据特征含义进行填充，Alley（巷子类型）、MasVnrType（砌体饰面类型）、FireplaceQu（壁炉质量）、PoolQC（游泳池质量）、Fence（栅栏）、MiscFeature（其他功能）填充 None，MasVnrArea（砌体饰面面积）填充 0。

```
for feature in ['PoolQC','MiscFeature','Alley','Fence','FireplaceQu','MasVnrType']:
    data[feature] = data[feature].fillna('None')
data['MasVnrArea'] = data['MasVnrArea'].fillna(0)
```

查看电力系统（Electrical）数据分布。

```
data['Electrical'].value_counts()
```

运行上述程序，输出结果如下：

```
SBrkr    1333
FuseA      94
FuseF      27
FuseP       3
Mix         1
Name:Electrical,dtype:int64
```

这里选用众数来进行填充：

```
data['Electrical'] = data['Electrical'].fillna(data['Electrical'].mode()[0])
```

LotFrontage 为距离街道的直线距离，通过 Neighborhood 字段的中位数进行填充：

```
data['LotFrontage'] = data.groupby('Neighborhood')['LotFrontage'].transform(lambda x:x.fillna(x.median()))
```

Bsmt 表示地下室，Garage 表示车库，这里用简单的工具数据类型进行填充，如果是 object 则填充 None，否则填充 0。

```
print(data[['BsmtQual','BsmtCond','BsmtExposure','BsmtFinType1','BsmtFinType2']].dtypes)
print(data[['GarageType','GarageYrBlt','GarageFinish','GarageQual','GarageCond']].dtypes)
data[['BsmtQual','BsmtCond','BsmtExposure','BsmtFinType1','BsmtFinType2']] = data[['BsmtQual','BsmtCond','BsmtExposure','BsmtFinType1','BsmtFinType2']].fillna('None')
for feature in ['GarageType','GarageFinish','GarageQual','GarageCond']:
    data[feature] = data[feature].fillna('None')
data['GarageYrBlt'] = data['GarageYrBlt'].fillna(0)
```

运行上述程序，输出结果如下：

BsmtQual	object
BsmtCond	object
BsmtExposure	object
BsmtFinType1	object
BsmtFinType2	object
dtype:object	
GarageType	object
GarageYrBlt	float64
GarageFinish	object
GarageQual	object
GarageCond	object
dtype:object	

步骤五　离散特征编码

查看当前数据：

```
print(data.shape)
data.head()
```

运行上述程序，输出结果如图 7-45 所示。

	MSSubClass	MSZoning	LotFrontage	LotArea	Street	Alley	LotShape	LandContour	Utilities	LotConfig	...	PoolArea	PoolQC	Fence	MiscFeature	MiscVal	MoSold	YrSold	SaleType	SaleCondition	SalePrice
0	60	RL	65.0	8450	Pave	None	Reg	Lvl	AllPub	Inside	...	0	None	None	None	0	2	2008	WD	Normal	208500
1	20	RL	80.0	9600	Pave	None	Reg	Lvl	AllPub	FR2	...	0	None	None	None	0	5	2007	WD	Normal	181500
2	60	RL	68.0	11250	Pave	None	IR1	Lvl	AllPub	Inside	...	0	None	None	None	0	9	2008	WD	Normal	223500
3	70	RL	60.0	9550	Pave	None	IR1	Lvl	AllPub	Corner	...	0	None	None	None	0	2	2006	WD	Abnorml	140000
4	60	RL	84.0	14260	Pave	None	IR1	Lvl	AllPub	FR2	...	0	None	None	None	0	12	2008	WD	Normal	250000

5 rows × 78 columns

图 7-45　查看当前数据

获取模型的输入和输出。

```
y = np.log1p(data["SalePrice"]).values    # 对 SalePrice 进行平滑
data.drop(columns=['SalePrice'], axis=1, inplace=True)
```

对离散特征进行编码。

```
all_dummy_df = pd.get_dummies(data)
all_dummy_df.shape
```

运行上述程序，输出结果为（1458，299）。

数据标准化代码如下：

```
x_scaled = preprocessing.StandardScaler().fit_transform(all_dummy_df)
y_scaled = preprocessing.StandardScaler().fit_transform(y.reshape(-1,1))
```

划分数据集代码如下：

```
X_train,X_test,y_train,y_test = train_test_split(x_scaled,y_scaled,test_size=0.3,random_state=42)
print(X_train.shape,X_test.shape)
```

运行上述程序，输出结果为（1020，299）（438，299）。

步骤六 训练和测试

这里选用了岭回归。

```
ridge = Ridge(alpha = 14)
cv_ridge = np.sqrt( - cross_val_score(ridge, X_train, y_train, scoring = "neg_mean_squared_error", cv = 5))
ridge.fit(X_train, y_train)
print('Ridge CV score min:' + str(cv_ridge.min()) + ' mean:' + str(cv_ridge.mean())
    + ' max:' + str(cv_ridge.max()))
y_test_pred = ridge.predict(X_test)
r2_score(y_test, y_test_pred)
```

运行上述程序，输出结果如下：

```
Ridge CV score min: 0.28866458103049797  mean: 0.3227219169270212  max: 0.3500684601768134
0.9002923561992198
```

测试集的效果也很好，说明训练得到的模型可以较好地对房价进行预测。

案例小结

通过本任务理解并学会分析房价和各个属性特征的关系，学会线性回归算法的具体使用。

单元总结

本单元提供了两个典型的数据分析案例，系统地学习如何在拿到一份数据后进行数据分析的整个流程。从数据理解到查看数据基本信息、数据预处理，再到单变量数据分析、多变量数据分析，如果有必要还需要建立模型、训练和测试，最终得出结论。

本案例实验操作中需要通过分组方式开展，需要团队成员协调分工、加强合作、相互帮助，共同完成目标。

参考文献

[1] 董付国. Python 程序设计[M]. 3 版. 北京:清华大学出版社,2020.
[2] 刘鹏,张燕. 数据标注工程[M]. 北京:清华大学出版社,2019.
[3] 柳毅,毛峰,李艺. Python 数据分析与实践[M]. 北京:清华大学出版社,2019.
[4] 陶俊杰. Python 数据科学手册[M]. 北京:人民邮电出版社,2018.
[5] 黄红梅. Python 数据分析与应用[M]. 北京:人民邮电出版社,2018.